AF614203

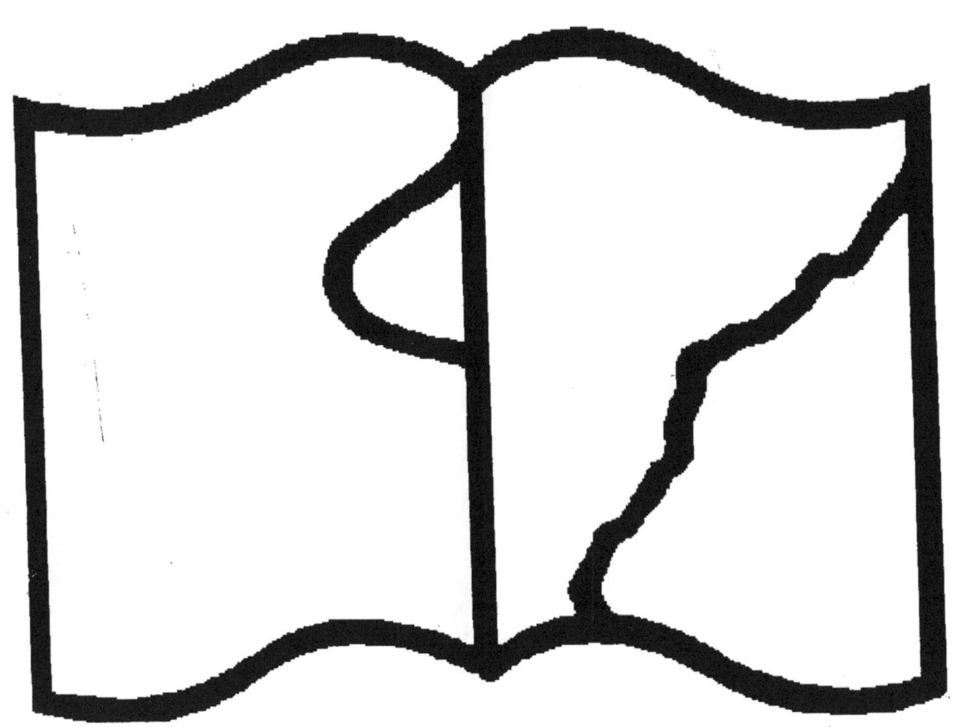

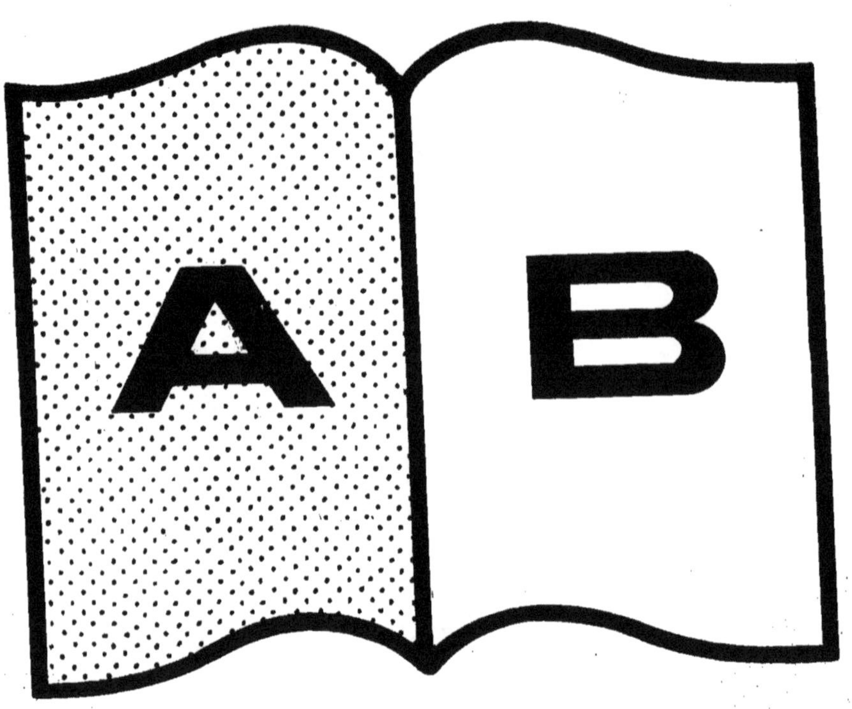
A
B

TRAITÉ

DE LA CONSTRUCTION THÉORIQUE ET PRATIQUE

DU SCAPHANDRE

OU

BATEAU DE L'HOMME,

Approuvé par l'Académie royale des Sciences;

PAR M. DE LA CHAPELLE.

NOUVELLE ÉDITION,

Revue, corrigée et considérablement augmentée;

PRÉCÉDÉ

Du Projet de formation d'une LÉGION NAUTIQUE ou d'ÉCLAIREURS DES CÔTES, destinée à opérer tels débarquemens qu'on avisera sans le secours de vaisseaux, bateaux-plats, artillerie, etc., etc.

OUVRAGE présenté au Ministre de la Marine en l'an VII, et au PREMIER CONSUL en thermidor an XI.

Par l'Adjudant-commandant LA REYNIE,
Administrateur des hôpitaux militaires.

PARIS,

Chez ROYER, libraire, rue du Pont de Lodi.

An XIII. (1805)

PROJET

DE FORMATION

D'UNE LÉGION NAUTIQUE,

OU

D'ÉCLAIREURS DES CÔTES,

Destinée à opérer tels débarquemens qu'on avisera, sans le secours de vaisseaux, bateaux - plats, artillerie, etc., etc.

Mémoire présenté au Ministre de la Marine en l'an 7, et à l'Empereur, alors premier Consul, en thermidor an 11.

Par l'Adjudant-commandant LA REYNIE,

Administrateur des hôpitaux militaires.

Delenda est Carthago. Cat.

An XIII. (1805)

AVIS
DU LIBRAIRE ÉDITEUR.

DANS un moment où les regards d'une nation entière sont fixés sur les destinées du premier des Empires; où tous les courages s'élancent, pour ainsi dire, sur le gouvernement perfide et cruel, dont le premier besoin est le trouble, l'agitation et le bouleversement de l'Europe, j'ai cru remplir la tâche d'un bon citoyen, en donnant au public deux ouvrages qui, dans les circonstances, peuvent être de la plus grande importance pour ma patrie.

L'annonce que j'ai faite, il y a quelque temps, d'une nouvelle édition du Traité sur le *Scaphandre* de

M. de la Chapelle, m'a procuré la connoissance d'un *Mémoire* intéressant, auquel M. DE LA REYNIE, son auteur, me paroît n'avoir pas attaché toute l'estime qu'il mérite. Je parle du *Projet de formation d'une* LÉGION NAUTIQUE, ou d'*Eclaireurs des côtes.* Ce mémoire fut primitivement soumis aux lumières de l'amiral Bruix, alors ministre de la marine, (en frimaire an 7.) L'auteur, que le ministre combla d'éloges, n'en ayant plus depuis entendu parler, abandonna son projet.

Employé militairement en l'an 8, dans des ports de mer bloqués par les Anglais, l'audace de ces barbares insulaires réveilla en lui l'idée d'utiliser son projet de formation d'une Légion nautique. Il fit en conséquence construire quatre équipemens complets, tels qu'ils sont désignés dans le Mémoire que je donne au public, et à l'aide de quatre nageurs pris au hasard, il en fit plusieurs essais, qui répondirent parfaitement à son attente. Encouragé par ce succès, et peut-être par un petit mouvement de dépit, sur l'accueil froid que le gouvernement directorial avoit fait à son invention, M. de la *Reynie* invita l'Etat-major et la garnison de l'île de Rhé à assister à une épreuve publique de son projet. En conséquence le 10 prairial an 9, quatre nageurs partirent de la *Vigie-au-bois*, et parcoururent en tirailleurs l'immense canal appelé le *Pertuis d'Antioche*. Ils revinrent, dans le même ordre, au point d'où ils étoient partis. La seconde expérience eut lieu un mois après dans la rade de Rochefort en face de l'île d'Aix, et en présence des officiers de marine, d'artillerie et de génie, qui se trouvoient à bord de la division en station dans cette rade. Le compte avantageux qu'en rendirent quelques officiers à l'amiral Bruix, alors malade à Rochefort, fit désirer au vice-amiral Martin, préfet maritime, de connoître le procédé de M. de la *Reynie*. Celui-ci le lui communiqua par écrit : après en avoir pris lecture, le général Martin lui écrivit la lettre suivante :

Rochefort, le 6 messidor an 9.

Je n'ai pu résister au plaisir d'adresser au cit. Forestier, chef de la première division du ministère de la marine, votre *Projet d'organisation des éclaireurs des côtes*, que vous avez eu la complaisance de me soumettre ; je désire bien vivement qu'il obtienne l'approbation du ministre, et que nous soyons bientôt à même de tirer de cette disposition tout l'avantage qu'elle promet, etc. *Signé* Martin, préfet maritime du 5.e arrondissement.

M. de la Reynie avoit aussi communiqué son projet en l'an 8 à M. le Général, conseiller-d'Etat, L....., dont l'Europe connoît les lumières étendues et profondes : ce Général lui répondit le 17 messidor de la même année, en ces termes : « J'ai » reçu votre lettre du 9 de ce mois, » à laquelle étoit joint votre projet » de formation *d'un corps de chas-* » *seurs nautiques*; je l'ai lu avec in- » térêt, et me propose de le commu- » niquer à mes collègues, afin d'en » tirer le parti le plus avantageux » au bien public (1), etc. »

(1) Le général L . . . . . a dit à un de ses amis que le projet de M. la Reynie lui avoit

Le même Général ayant reçu le Mémoire de M. de la Reynie, avec quelques changemens, et les certificats des différens officiers de corps, témoins des deux expériences faites de son procédé tant à l'île de Rhé, qu'à la rade de Rochefort; lui répondit, « j'ai reçu et lu avec un nouvel in-
» térêt les observations que vous
» m'avez communiquées par votre
» dépêche du 27 de ce mois (messi-
» dor an 9), sur la formation d'une
» *légion nautique*, je ne puis qu'ap-
» plaudir à vos intentions; elles sont
» le gage de votre amour pour le
» bien public, et sous ce rapport
» elles vous rendent digne d'éloges;
» les circonstances détermineront

---

fait naître l'idée d'établir dans les corps et les écoles militaires, une *Ecole de natation*, ce qui avoit été adopté par le conseil-d'Etat.

» l'usage que l'on peut faire de vos » vues, je les soumettrai au gouver- » nement, etc. »

Mais soit éloignement pour les sollicitations et l'intrigue, soit indifférence de sa part, soit enfin qu'éloigné, de la capitale, il n'ait pu se livrer à des démarches subséquentes, M. de la *Reynie* semble avoir renoncé à son projet et aux avantages que son pays pouvoit en retirer. Le hasard a fait tomber entre nos mains le *Mémoire* de cet officier, avec les notes dont nous venons de donner un extrait ; nous avons cru que dans une circonstance où les premières autorités de l'empire honorent de leur présence les expériences du SCAPHANDRE d'un officier du génie, et encouragent cette ancienne invention par leurs éloges, il ne seroit pas hors de propos de publier une nouvelle édition du Traité du SCAPHANDRE de M. de la *Chapelle*, et d'y joindre le nouveau procédé de M. de la *Reynie* ; on met par là le public à portée de juger le genre de progrès qu'a fait cette invention dans les mains de ceux qui se sont occupés de la perfectionner. Car sous quelque forme qu'on ait donné des *Scaphandres* depuis quelques années, nous reconnoissons toujours à-peu-près le *Scaphandre* de M. de la *Chapelle*.

PROJET

De formation d'une *Légion nautique*, sous la dénomination d'*Eclaireurs des côtes*. Présenté à l'EMPEREUR, alors PREMIER CONSUL, en fructidor an XI.

Delenda est Carthago. CAT.

Tous les peuples de la terre ont reconnu l'utilité de la *natation*; tous ont considéré cet art comme très-important pour le commerce, pour la santé du corps et surtout pour la guerre. Les Egyptiens nés, pour ainsi dire, au milieu des flots, et dont le pays étoit partout coupé par des canaux, et inondé par ce fleuve restaurateur qui, sortant périodiquement de son lit, promène majestueusement ses eaux fécondantes sur une région de trois à quatre cents lieues; les Egyptiens firent de l'art de *nager* la principale base de l'instruction publique. Les Grecs suivirent leur exemple.

Nés marins, environnés d'îles et de golfes, tous les habitans de ces colonies célèbres étoient militaires ou pirates, et, avant tout, bons *nageurs*. Chez eux, un homme savant dans l'art de *nager* acquéroit la même gloire qu'un grand orateur, qu'un grand capitaine. Un nommé Scylias de Macédoine partagea l'immortalité avec Thémistocle, Démosthènes, Périclès et Phocion, en faisant sous les eaux de la mer huit stades pour porter aux Grecs la douloureuse nouvelle du naufrage de leurs vaisseaux. Nos braves conquérans de l'Egypte ont encore aujourd'hui sous les yeux, dans les peuples de l'Archipel et de Samos, un exemple frappant de l'importance qu'ils attachent à la science de la *natation*. Chez eux, la première qualité et la plus essentielle qu'on exige d'un garçon qui veut se marier, est d'être bon *nageur*, et tant qu'il n'est pas en état de plonger au moins à huit brasses de profondeur, et de parcourir deux lieues de mer sans se reposer, il ne trouve point d'épouse.

Les Romains qui adoptèrent les mœurs, les lois, les usages et les arts des nations qu'ils avoient vaincues, firent de l'art de nager la partie la plus importante de l'éducation de la jeunesse : tous les ordres, tous les âges et toutes les conditions étoient soumis à cette institution salutaire; de sorte que pour désigner un ignorant, un homme inapte aux fonctions publiques, aux emplois civils ou militaires, on disoit, *qu'il ne savoit ni lire ni nager*. Leurs guerriers étoient exercés à la *natation* avec le même soin que chez les nations modernes on les exerce dans la tactique et les évolutions militaires. Avant de combattre et de commander, les César, les Pompée, les Fabius, les Scipion s'étoient rendus célèbres dans l'art de *nager;* aussi rien n'arrêtoit ces guerriers lorsqu'ils poursuivoient l'ennemi. Les lacs, les rivières, la mer même étoient traversés avec la même célérité, le même ordre de bataille que les plaines les plus unies. Delà ces passages fameux de fleuves qui nous étonnent dans l'histoire de ce peuple valeureux; delà, cette vigueur mâle, cette santé robuste, cette forme colossale qu'on admiroit dans les soldats Romains; delà, cette population innombrable qui couvroit leur territoire, malgré le fléau destructeur des guerres permanentes qu'ils avoient à soutenir; delà enfin, la rareté des maladies épidémiques et de climats qui ravagent les peuples de nos jours, énervés par la mollesse, les plaisirs, l'intempérance et leur aversion pour l'art de *nager*.

Les Gaulois, nos aïeux furent aussi de bons *nageurs*. Leur pays coupé par une infinité de rivières, environné de la mer, leur goût pour la piraterie et pour la pêche, l'exemple de leurs voisins, tout les invitoit à cultiver l'art de la *natation*. Jules César rapporte que les soldats de cette nation étoient si familiarisés avec un élément dont ils tiroient leur subsistance, qu'ils traversoient au besoin les plus vastes fleuves en ordre de bataille, et qu'ils étoient assez versés dans l'art de *nager*, pour conserver, sans craindre de périr, leurs rangs et leurs bagages.

Les Français, héritiers des Gaules, adoptèrent pendant quelques tems cet usage de leurs ancêtres. L'épithète de *nageur* fut d'abord parmi eux un titre honorifique. Pour être admis au nombre des chevaliers, le recipiandaire étoit soumis à l'épreuve de l'immersion. Cette cérémonie consistoit à donner des preuves de dextérité dans l'art de *nager* et de plonger; il existoit encore des traces de cette ancienne institution sous Louis XI, d'exécrable mémoire. La mollesse des cours qu'on prit si faussement pour de l'urbanité, le séjour des villes, l'abnégation de tous les exercices austères, de toute instruction, de toutes les sciences, reléguèrent depuis, parmi les matelots et la populace, un art si important pour donner du nerf aux ames, pour rendre les hommes sains, robustes et propres à surmonter les plus grands dangers.

La *natation* a donc été depuis exclusivement reléguée chez les peuples maritimes. On connoît l'intérêt que les Anglais y attachent, et les avantages qu'ils en retirent. Les côtes d'Afrique, d'Amérique et d'Asie offrent dans les individus de toute condition et de tout sexe l'exercice de cet art porté à sa dernière perfection. Les Nègres surtout le cultivent à l'exclusion de tout autre. Un négrillon sait plonger et nager avant de s'essayer à marcher. Aussi cette race d'hommes trop vile, trop peu utilisée et devenue dangereuse aux Antilles, comme en Europe, peut devenir très-importante dans nos guerres maritimes, et nous dispenser de cet attirail immense, dispendieux et souvent infructueux, employé dans les débarquemens.

Voici la manière de les utiliser que je proposerois. Des milliers d'individus de race noire ou de couleur sont, dans ce moment, dispersés sur la surface de la République. Indépendamment qu'ils sont à la charge du Gouvernement, la plupart errent et végètent sans profession et sans moyens d'existence; leur vagabondage les rend souvent dangereux et jamais utiles. Je les rassemblerois sur un ou plusieurs points du continent, préférablement sur nos côtes. Là, je les organiserois en compagnies de cent hommes, et ces compagnies en une ou plusieurs demi-brigades. Je réunirois à ces corps les réquisitionnaires et conscrits déserteurs (non-classés), nés sur les bords des rivières ou sur les côtes. Cette troupe seroit de la plus grande utilité, savoir (en temps de guerre) pour faciliter les débarquemens destinés à occuper le pays ennemi; (en temps de paix) à la garde des côtes, à porter du secours aux naufragés, aux employés du fisc, etc., etc. Je donnerai plus d'extension à mon idée dans le plan d'organisation ci-après : il y auroit à la suite de chaque corps de cette arme, un dépôt ayant une Ecole de natation, sous la direction des nageurs les plus experts où l'on instruiroit dans cette partie ceux qui n'auroient pas assez de perfection.

PROJET D'ORGANISATION.

ARTICLE PREMIER.

Il sera créé une Légion Nautique, sous la dénomination d'*éclaireurs des côtes.*

ART. II.

L'équipement de cette troupe (à terre) sera composé d'un habit, pantalon et gilet de couleur vert-dragon.

ART. III.

L'équipement (de mer) sera un pantalon et gilet de coutil, ou de peau de mouton préparée à l'huile, enduits de gomme élastique, impénétrable à l'eau, et de couleur verte, le pantalon sera plein, terminé en forme de bas et attaché au gilet par deux boutons placés sur les hanches ; le gilet sera aussi plein ; les manches en seront terminées en forme de gands à pattes d'oie. La tête de l'*éclaireur* sera couverte d'un casque en tôle du poids de deux livres, qui laissera tomber sur les deux épaules et l'épine du dos, trois oreillons aussi en tôle, propres à parer le coup de sabre. Il sera pratiqué dans ce casque un vide propre à contenir un certain nombre de cartouches. Cet espace pourra servir encore à conserver des papiers importans, des ordres, des plans, etc.

ART. IV.

Lorsque l'*éclaireur* aura un trajet long et pénible à faire (en mer par exemple), il adaptera au dos et sur sa poitrine une espèce de cuirasse en liége, du poids de huit à dix liv. assujettie par une bretelle qui, passant entre ses cuisses, viendra s'arrêter sur le devant des deux épaules. Cette cuirasse s'ouvrira ou se séparera en deux, en forme de livre, du haut en bas et pourra s'arrêter au moyen de deux petites traverses en fer à ressort, et avec des bretelles sur les reins de l'*éclaireur*, de manière que la moitié de son corps paroisse sur la surface des eaux, comme au milieu d'une table, et que le reste du corps, étant dans l'eau, il puisse marcher en avant, comme si ses pieds portoient sur la terre ferme. Si le *nageur* doit s'arrêter ou se reposer, il détachera sa cuirasse, et pourra s'asseoir sur le corselet du dos, laissant flotter le second qui, au besoin, pourroit lui servir de table pour prendre ses alimens. Chaque corselet de la cuirasse sera terminé en arçon, emboîtant les reins, de manière que celui qui doit servir de siége, flotte sur les ondes, et que le nageur y repose, sans fatigue, comme un enfant dans son berceau.

Art. V.

L'armement sera composé (à terre) d'un sabre à la hussarde, de deux pistolets, et d'une carabine à deux coups. L'armement (de mer) doit être une carabine aussi à canon double, dont le bout sera hermétiquement bouché. Cette carabine sera perpendiculairement attachée ou suspendue au dos de l'*éclaireur*, la crosse en haut et posant entre les deux épaules, de manière à ne pas gêner les mouvemens du *nageur*. La crosse sera forée et contiendra une bayonnette, un tire-bourre et le linge propre à nettoyer le fusil. Lorsque l'*éclaireur* nagera en bataille ou en tirailleur, il attachera à chacun de ses pieds un *cothurne* ou sandale, ayant une semelle en plomb du poids de six livres, pour lui servir de contre-poids, et empêcher le ballotage ou la culbute. Bien entendu qu'il ôteroit ce cothurne en arrivant à terre.

Art. VI.

La légion des *éclaireurs des côtes* sera recrutée de la manière suivante : on réunira sur un ou plusieurs points tous les nègres, négrillons et gens de couleur mâles, épars sur le territoire de la république, dans nos armées, dans les ports, tous autres que les matelots et individus classés ; on y ajoutera les conscrits, réquisitionnaires et déserteurs, nés ou résidans sur les côtes, sur les bords des fleuves, lacs, rivières, etc. (1)

---

(1) On pourroit recueillir dans un dépôt provisoire tous les mendians et vagabonds, depuis l'âge de dix ans jusqu'à trente-cinq, et les expédier ensuite pour les dépôts des *éclaireurs des côtes*, pour y être instruits et perfectionnés dans les exercices et évolutions nautiques. Ce dépôt pourroit servir de pépinière pour la marine : on en tireroit des matelots, des mousses, etc., etc.

ART. VII.

Il sera attaché à chaque dépôt des *éclaireurs des côtes*, une école de natation pour perfectionner les éclaireurs dans l'art de nager, de plonger, etc. Le bassin ou arêne destiné à cet exercice sera fermé au public. La direction en sera confiée aux meilleurs nageurs et plongeurs de la troupe : ils auront le grade de sergent-major ou de sous-officiers instructeurs ; ils présideront aux exercices, évolutions maritimes, etc.

ART. VIII.

Tous les trimestres il sera distribué des prix d'honneur pour ceux des *éclaireurs* qui auront fait les progrès les plus rapides ; et ceux qui se seront distingués par ces progrès, leur conduite, leur zèle et leur discipline, auront de préférence droit à l'avancement dans leur arme.

ART. IX.

La légion des *éclaireurs des côtes* sera (en temps de guerre) employée à favoriser les débarquemens. Elle servira d'avant-garde aux troupes de terre que le Gouvernement désirera jeter sur les côtes ennemies ; elle sera, en conséquence, mise à la mer dans les endroits inaccessibles aux vaisseaux, défendus par des digues, bancs de sable, rochers, ou le défaut d'eau suffisante, etc. ; elle pourra prendre son essor à deux, à quatre, à six ou huit lieues de la côte ; arrivera de nuit hors la portée du canon des batteries ennemies, tournera ses postes, s'en emparera, après avoir égorgé ou fait prisonnières les troupes qui les garderont, et tirera ensuite le nombre de coups de canon dont elle sera convenue, pour donner le signal aux troupes de débarquement, qu'elles peuvent approcher. Pour plus de sûreté et d'avantage, il sera placé à la suite de ces éclaireurs un ou deux bâtimens portant de l'artillerie et des munitions. Ce qui favoriseroit leur entreprise sur l'ennemi pour le surprendre, pour le combattre en cas d'éveil, et enfin pour l'occuper et faciliter la retraite ou le débarquement du corps d'armée (1). *Les éclaireurs* serviront encore à préparer le passage des rivières par des divisions ou des colonnes républicaines, en s'emparant des positions, en jetant des ponts, etc. On pourra les employer avec succès à l'abordage, à couper les cables des vaisseaux ennemis, à les brûler, à jeter l'alarme et le désordre parmi leurs équipages en lançant des feux, des matières à incendie, etc., etc., etc.

ART. X.

Les éclaireurs feront (en temps de paix) le service des côtes; ils porteront des secours aux naufragés, concourront à la garde des postes et des douanes, et partageront le service de la gendarmerie à pied.

---

(1) Ces batimens pourroient aussi recevoir les *éclaireurs* malades ou blessés.

ART. XI.

La solde d'activité et de retraite *des éclaireurs* sera la même que celle des marins ; leur service roulera uniquement sur leur arme.

N. B. Il y a une infinité d'observations et de développemens à ajouter tant pour les service que pour le perfectionnement de ce corps, qu'on ne peut faire ici, afin d'éviter de devenir trop long et diffus. Si ce projet obtient l'attention du Premier Consul, et qu'il daigne ordonner un essai, ces développemens ressortiront de l'expérience même.

FIN.

PROSPECTUS
ET ANALYSE
DE CET OUVRAGE.

J'AI promis au Public, dans mon *Ventriloque* (1), de l'année 1772, que je ne ſerois pas long-tems, ſans mettre la dernière main à un ouvrage ſur la conſtruction théorique & pratique du *Scaphandre* ou du *Bateau de l'Homme*, de mon invention. Il eſt fait. Toute perſonne, forte ou foible, la plus neuve ou la moins éxercée dans les travaux méchaniques, pourra y apprendre, ſans

(1) Le *Ventriloque* ſe vend chez la Veuve Ducheſne, rue Saint Jacques, à Paris.

maître, ou ſans autre ſecours que ſa propre induſtrie naturelle, à conſtruire, méthodiquement & par principes, un corſelet, avec lequel hommes & femmes pourront, tout habillés, beaucoup mieux que ſans vêtemens, nager ſur le champ, ſans l'avoir jamais appris, en ſe tenant tout debout, à flot, plongés ſeulement juſque vers la région des mamelles.

Cette eſpèce de cuiraſſe permet, & j'ai eu le deſſein, en l'imaginant, de faire à la nage, par ſon moyen, toutes ſortes de manœuvres, comme de manger, boire, lire, écrire, combattre, charger le fuſil ou le piſtolet, tirer, chaſſer, pêcher, ſe ſauver des naufrages, ſans pouvoir jamais couler à fond, ni avoir à craindre la crampe ni l'épuiſement des forces, calfater un vaiſſeau en pleine mer, ou l'y radouber, faire paſſer à un corps de troupes, ſans ponts, ſans bateaux, ſans radeaux, & ſur-tout ſans bruit, les plus grands fleuves & les plus rapides, lui faciliter une deſcente, par mer, ſur une côte ou ſur une terre, & même de marcher au milieu des eaux les plus profondes, comme ſur un plan ſolide, &c. Dans un grand nombre d'expériences, que j'en ai faites publiquement, j'ai eu plus de vingt mille témoins de la plupart de ces effets.

On m'a demandé cet ouvrage avec le plus grand empreſſement. Il ne tiendra plus qu'au Public de s'en mettre en poſſeſſion. Mais, comme il eſt bon de connoître d'avance ce que l'on voudroit acheter, nous allons, en peu de mots, en exposer le tableau.

Depuis quelques siècles, les mers & les rivières sont presqu'aussi fréquentées, mais elles paroissent, & sont effectivement, pour l'homme, plus dangereuses que les terres. Outre les accidens du feu, communs à tous les habitans du monde, ceux des voies d'eau, des écueils, des tempêtes sur les eaux, attaquent & détruisent fort souvent la vie des hommes. L'art de nager est, en ces cas, réduit à bien peu de chose; on est bientôt suffoqué par les vagues ou épuisé de fatigue; d'ailleurs combien d'hommes ordinaires, combien de Marins mêmes ne sçavent pas nager!

Après avoir démontré, contre l'opinion commune, dans une dissertation aſſez étendue, que l'homme, même ſans la peur, ne nage point naturellement comme les quadrupèdes, & fait voir la très-petite reſſource de nager en pleine mer, j'en conclus le beſoin qu'il y avoit d'inventer un nouvel art d'entrer, de ſe ſoutenir, de manœuvrer, & même de marcher, tout debout, au milieu des eaux les plus profondes, comme en terre ferme.

Afin d'y parvenir, je commence par éxaminer les qualités du Liége, dont je me ſers, combien il s'enfonce dans l'eau, quel poids il peut ſoutenir à ſa ſurface, quel eſt, à peu près, le Centre de Gravité du corps humain, juſqu'à quel point il doit plonger, tout debout, dans l'eau, pour s'y tenir ferme, & combien, en cet état, il pèſe plus que le volume d'eau où il plonge.

Tous ces points bien déterminés, je cherche quelles ſont les parties du corps, que l'on doit charger ou revêtir de Liége. Cela me conduit à la préparation de cette écorce, aux dimenſions, au nombre, au poids & à l'équilibre des pièces ou des morceaux que je veux employer.

Après avoir bien diſcuté & bien épluché tous ces différens objets, j'en viens à la conſtruction effective du Scaphandre. J'en détermine ſcrupuleuſement toutes les opérations. La longueur, la largeur, la qualité & la préparation des toiles, ſur leſquelles il faut placer les morceaux de Liége, la manière de les arranger & de les aſſurer, les outils que cela éxige, les précautions qu'il faut prendre, pour donner à ce travail la plus grande perfection, dont je l'ai cru susceptible, tout cela y est décrit, autant qu'il a été en moi, avec l'ordre, la clarté & la simplicité de style, si nécessaires pour éviter les mal-entendus.

J'ai tâché de n'y rien oublier, de prévoir tout, & de pourvoir à tout. Le calcul le plus aisé, avec des figures très-éxactes & bien développées, achève d'y apporter la plus grande précision, de manière qu'avec la moindre portion d'intelligence & d'adresse, on pourra se faire des Scaphandres, aussi parfaitement que les plus habiles ouvriers.

Quand cet habit est achevé, s'il y est survenu défaut d'équilibre, j'y montre comment, ſans rien défaire; on peut ſur le champ le rétablir, & même augmenter, en certains cas, la force de ce corſelet dans les eaux, ſans y rien réformer.

On y trouvera un moyen de raſſurer l'imagination, contre la crainte de toutes ſortes de riſques, en faiſant le premier eſſai d'un Scaphandre, quand on ne ſçauroit aucunement nager, & un autre pour le bien conſerver.

Les uſages de cet habit y ſont amplement expoſés, chacun dans leur chapitre. 1°. Pour l'amuſement de l'un & de l'autre ſèxe; 2°. pour la ſanté des hommes & des femmes; 3°. pour la chaſſe; 4°. pour la pêche; 5°. pour le paſſage des grandes rivières par des troupes; 6°. contre les

les dangers ou les naufrages ſur mer ou ſur les rivières; 7°. pour y radouber ou calfater un vaiſſeau; 8°. pour faciliter une deſcente de troupes ſur des côtes; 9°. pour y aire aiguade; 10°. pour faire des radeaux à la nage, en pleine mer, pouvant ſervir de refuge après un naufrage, ou même avant, quand il eſt jugé inévitable; 11°. pour apprendre à nager, tout ſeul, d'une manière ſûre, & en fort peu de tems.

Un Pantalon à étriers, pour marcher, tout debout, au milieu des eaux les plus profondes; des Nageoires fort ſimples, pour aider la progreſſion, & un bonnet pour y ſerrer des proviſions, en cas de beſoin, achèvent de donner au

Scaphandre un appareil complet.

Je n'y ai point négligé de faire connoître les ouvrages ſur l'art de nager, ſans aucunes machines ; & je finis par l'hiſtoire de ceux qui en ont imaginé dans les mêmes vues que moi.

Ce travail eſt enrichi de figures, ainſi que je l'ai dit, avec des notes uniquement relatives au ſujet. Elles accompagneront le texte au bas des pages, & elles expliqueront toutes les cauſes phyſiques des effets ſinguliers que ce Traité offrira.

Le livre, dont je viens de préſenter une eſquiſſe (je l'annonce avec confiance), eſt abſolument neuf. Il eſt non-ſeulement le plus ample, mais le ſeul, en ſon genre, de tous les travaux, faits dans les mêmes vues que moi. Personne, avant 1774, n'a donné sur cette matière aucun Traité, qui dirigeât méthodiquement l'esprit & la main de l'Ouvrier, donnât toutes les proportions, les poids & les façons des pièces qu'il auroit à employer, lui montrât à les mettre en œuvre, à les placer comme il faut, à les équilibrer parfaitement, enfin à l'assurer d'une manière incontestable, sans aucun risque, & par un essai très-simple, du dégré de confiance qu'il peut prendre en l'ouvrage de ses mains.

Par M. DE LA CHAPELLE, Censeur Royal à Paris, de l'Académie Royale de Lyon, de celle de Rouen, & de la Société Royale de Londres, Auteur des Institutions de

Géométrie, des Sections Coniques, & autres Courbes anciennes, appliquées aux Arts, &c.

P. S. Ceux qui auroient la complaisance, à laquelle ils sont très-fortement invités, de faire des observations de quelqu'importance, sur les fautes ou les erreurs, commises dans la composition de cet ouvrage, & sur les dégrés de perfection, dont ils le croiroient susceptibles, sont très-instamment priés de me les adresser, par la voie du Mercure ou par celle du Journal des Sciences & des Beaux Arts, autrefois Journal de Trévoux, par M. Castillon; sous la condition expresse qu'ils mettront leur nom, leurs qualités & leur demeure, aux écrits qui ſortiront de leurs mains ſur ce ſujet ; afin que je puiſſe leur en faire honneur, & leur en témoigner publiquement ma reconnoiſſance.

Cela peut produire de très-bons avantages. Quand on ſçait qu'on ſera imprimé, & que l'on ſera par conſéquent jugé publiquement, on eſt porté à réfléchir plus mûrement ſur les idées qu'on veut mettre au jour, même en gardant l'anonyme.

Mais, quand le nom, les qualités & la demeure déſignent inconteſtablement la perſonne ou l'Auteur d'un écrit, deſtiné à paroître dans le Public, l'honneur eſt une garde ſévère, qui veille, avec bien plus de ſoin, à la correction des travaux que l'on doit porter devant ce redoutable Tribunal.

Voilà pourquoi je déclare que je ne ferai aucune réponſe à ceux qui m'écriroient en particulier ſur ce ſujet; leſquels ſont priés, au ſurplus, d'affranchir toujours le port de leurs lettres.

Extrait des Regiſtres de l'Académie Royale des Sciences, du 3 Septembre 1774.

Nous avons examiné, par l'ordre de l'Académie, un manuſcrit de M. l'Abbé de la Chapelle, intitulé, *Traité de la conſtruction théorique & pratique du Scaphandre.*

Cet Ouvrage contient trois choſes: 1°. la manière de conſtruire un *Scaphandre* commode & bien proportionné; 2°. la manière de s'en ſervir; 3°. les différents uſages, auxquels il peut être utile.

L'Auteur, après avoir démontré, contre l'opinion de bien des gens, que l'homme ne nage point naturellement, comme les quadrupèdes; parce que le premier, en nageant, eſt dans une ſituation gênée; au lieu que les derniers ſont alors dans leur poſition naturelle; remarque qui avoit été faite ci-devant par M. Bazin, comme le dit

M. de la Chapelle lui-même ; &, après avoir fait voir que la ſcience du nager eſt ſouvent une foible reſſource, en cas de naufrage, ſur-tout en pleine mer, il conclut qu'il eſt très-utile d'imaginer des moyens de parer à ces inconvéniens. On ne peut pas nier qu'un Scaphaudre, bien conſtruit, ne ſoit propre à cet effet.

M. l'Abbé de la Chapelle paſſe enſuite à la conſtruction de ſon Scaphandre. Il eſt composé de morceaux de Liége, aſſujettis dans un corſelet de toile. Pour lui donner la proportion, qu'il a cru la plus convenable, il examine, 1°. juſqu'à quelle profondeur le corps doit être plongé, pour que l'homme ſoit à ſon aiſe & ſans riſques; 2°. quel eſt le poids du volume d'eau, meſuré par la partie du corps plongée ; 3°. de combien le poids total du corps excède le poids du volume d'eau déplacé ; 4°. quelle eſt la peſanteur ſpécifique du Liége, comparée à celle de l'eau ; 5°. quel doit être en conſéquence le volume du corſelet, relativement à ſa peſanteur propre, & à l'excès de celle du corps ſur celle du volume d'eau déplacé ; 6°. quelles ſont les parties du corps, que l'on doit revêtir de Liége préférablement aux autres.

Après avoir fait toutes ces recherches préliminaires, l'Auteur paſſe à la conſtruction du Scaphandre, dont nous ne dirons rien ; parce que cette partie n'eſt pas ſuſceptible d'extrait. C'eſt dans l'ouvrage lui-même, qu'il faut en prendre connoiſſance. Nous ajouterons ſeulement que ce corſelet, qui eſt diviſé en quatre parties, deux antérieures & deux poſtérieures, nous a paru conſtruit d'une manière commode, & de façon à ne gêner que très-peu les mouvemens du corps ; chaque pièce de Liége étant réünie à ſes voiſines d'une manière équivalente à des charniéres.

M. l'Abbé de la Chapelle ajoute à ce corſelet une eſpèce de queue ou Suſpenſoire, termiaée par un Plaſtron, qui, après avoir paſſé entre les cuiſſes, vient s'attacher ſur la poitrine. Il a deux uſages : le premier d'empêcher que le corſelet ne remonte trop haut sous les aisselles, ce qui gêneroit beaucoup le mouvement des bras; le second, de fournir, à celui qui en fait usage, un siége sur lequel il peut se reposer aussi long-tems qu'il lui plaît.

Ce Scaphandre, tel que nous venons de le décrire, avoit été présenté à l'Académie par M. de la Chapelle dès 1765; & d'après le rapport, que lui en firent Messieurs de Mairan & l'Abbé Nollet, elle jugea qu'*on devoit lui donner la préférence sur toutes les inventions de cette espèce, qui avoient été proposées jusqu'alors, non-seulement parce qu'il est d'un usage plus sûr; mais encore parce que, dans un danger subit & inopiné, il seroit d'un secours plus prompt qu'aucun autre, & qu'il ne cause aucun embarras.*

Depuis ce tems-là, M. l'Abbé de la Chapelle a ajouté à son Scaphandre, pour certains cas, une espèce de Pantalon, garni d'étriers par le bas, qui est attaché par le haut à ce corselet, & qui aide à marcher avec moins de fatigue, quand on est à flot, comme nous le dirons bientôt. Pour rendre ſon habillement complet, l'Auteur a auſſi imaginé un Bonnet, conſtruit de façon à pouvoir y dépoſer des choſes, qu'on auroit intérêt à ne pas mouiller.

M. l'Abbé de la Chapelle paſſe enſuite à la manière de faire uſage de ſon Scaphandre. Cette manière eſt ſimple; elle conſiſte à ſe revêtir du corſelet, ce qui ne demande pas plus de tems qu'il n'en faut pour prendre une veſte. Après avoir noué les cordons par devant, on paſſe la Suſpenſoire entre les cuiſſes, & l'on attache le Plaſtron ſur la poitrine. On eſt alors en état de ſe mettre à l'eau, dans laquelle, moyennant cet habit, on n'enfonce que juſque vers la région des mamelles. On s'y trouve donc dans une poſition verticale, ayant la tête & les bras hors de l'eau, & dans le cas d'en faire tel uſage qu'on voudra. Si l'on a beſoin d'avancer, c'eſt alors qu'il faut faire uſage du Pantalon, dont nous avons parlé ci-deſſus; lequel, en pareil cas, diminue de beaucoup la fatigue, qu'on éprouveroit ſans lui. Alors on chemine dans l'eau, ainſi que l'a éprouvé un de nous, qui s'eſt revêtu de cet habit pour en faire l'eſſai; on chemine, dis-je, dans l'eau, par un mouvement des jambes, à peu près ſemblable à celui par lequel nous marchons ſur la terre; avec cette différence que les mouvemens des jambes ſont beaucoup plus grands, & la progreſſion plus lente & plus pénible, à cauſe de la grande réſiſtance du fluide dans lequel on avance.

M. l'Abbé de la Chapelle a exécuté, pluſieurs fois devant nous, ces mouvemens, & dans l'eau courante & dans l'eau dormante. Dans les rivières, dont le courant eſt un peu rapide, il eſt impoſſible de remonter contre le courant; on peut ſeulement traverſer la rivière, encore eſt-ce en dérivant beaucoup. Dans l'eau dormante, on avance dans telle direction que l'on veut. M. l'Abbé de la Chapelle a parcouru devant nous deux cents ſeize pieds en cinq minutes de tems.

M. de la Chapelle donne enſuite le détail des uſages, auxquels il juge qu'on peut appliquer ſon Scaphandre : il en indique un grand nombre, par exemple, pour prendre le bain, avec confiance & ſûreté, dans les eaux les plus profondes; pour la chaſſe & la pêche; pour faire traverſer des rivieres ou des foſſés plein d'eau par des Soldats armés; pour ſe prémunir contre les dangers ou les naufrages, ſur les rivières ou ſur mer; pour viſiter commodément la ligne de flottaiſon d'un vaiſſeau; pour faciliter une deſcente de troupes ſur des côtes; enfin, pour faire des radeaux en pleine mer, après un naufrage, ou même avant, quand on le juge très-probable, pour ſervir à ſauver ceux de l'équipage, qui n'auroient pas de Scaphandre, &c.

Nous croyons devoir avertir que les proportions, que M. l'Abbé de la Chapelle a données à ſon Scaphandre, & qui ſont bonnes pour pluſieurs individus, ne ſeroient peut-être pas bonnes pour tous, & qu'en conſéquence il ſeroit bon d'avoir égard à la forme du corps, & à la diſtribution du poids de celui, auquel le Scaphandre feroit destiné, afin d'en varier les proportions suivant le besoin.

Nous croyons encore devoir conseiller de ne pas se jetter à l'eau, comme nous l'avons vu faire plusieurs fois à M. l'Abbé de la Chapelle, sur-tout dans des endroits qu'on ne connoîtroit pas bien ; il pourroit se trouver au fond des choses capables de blesser, ou même de retenir l'homme, de façon à l'empêcher de revenir à flot, malgré sa légèreté respective.

D'après ce que nous venons de dire, nous pensons que l'addition, que M. l'Abbé de la Chapelle fait du Pantalon & de l'étrier à son Scaphandre, peut être utile en beaucoup de circonstances. Quant à son ouvrage, qui nous a paru être le plus ample qu'on ait publié jusqu'à présent sur cette matière, nous croyons, sans pourtant adopter toujours les explications qu'il donne des différentes manœuvres, qu'il sera intéressant pour le Public, & qu'il pourra de plus fournir des idées, pour perfectionner une invention si utile, &

qu'en conséquence il mérite l'approbation de l'Académie. A l'Académie, le 3 Septembre 1774, & ont signé Messieurs DE VAUCANSON, TENON, BRISSON, LA PLACE.

Je certifie l'extrait ci-dessus conforme à son original & au jugement de l'Académie. A Paris, le 12 Septembre 1774.

GRANDJEAN DE FOUCHY,
Secrétaire perpétuel de l'Académie Royale des Sciences.

LETTRE de M. D'ARTUS, Capitaine au Corps du Génie, à Huningue, sur les éxercices du Scaphandre, du 7 Septembre 1770.

MONSIEUR, il faut avouer que M. l'Abbé de la Chapelle a porté le *Scaphandre* au point de perfection désiré. Un habitant de cette Ville, peu instruit dans l'art de nager, mais zélé pour les découvertes utiles, a essayé, le mois dernier, dans le Rhin, un de ces instrumens, que M. l'Abbé de la Chapelle a fait construire sur ses principes, & qu'il a eu la bonté de m'envoyer. Dès le second essai, ce Nageur novice enhardi, ne s'est fait qu'un jeu de passer & repasser le Rhin, dans les endroits les plus larges & les plus profonds. Il en a parcouru, en descendant, un espace considérable, marchant dans l'eau debout, comme s'il y étoit porté par enchantement. Rien n'est plus agréable, Monsieur, que ce spectacle; rien de plus utile que le fruit que l'on peut retirer de cette invention, pour la mer & pour bien des circonstances de guerre, où il est essentiel de porter, à la hâte, un petit corps de troupes de l'autre côté d'un fleuve: mais c'est à l'Auteur à décrire lui-même, comme il se le propose, tous les avantages que l'on peut attendre de sa découverte.

Extrait de l'Avant-Coureur, du Lundi 24 Septembre 1770.

AVIS

Avis très-important au Public, pour n'être point trompé dans la conſtruction des Scaphandres, qu'il pourroit commander à des Ouvriers.

Je m'occupois à réfléchir ſur mon Scaphandre, & ſur ce livre qui en traite, lorſqu'un Tailleur, nommé Bailli, rue Pagevin, a eu l'effronterie, en Juin 1774, ou, peut-être, l'imbécillité de diſtribuer au Public, avec profuſion, des imprimés, où il avance, ſans aucune preuve, & contre toute vérité, qu'il a *perfectionné le Scaphandre*, dont il ignore juſqu'à l'ortographe (1). J'ai déja fait une pareille réclamation dans une des Gazettes Littéraires du mois de

(1) On m'a mandé auſſi, de Verſailles, par une lettre du 15 Octobre 1774, que le nommé Cordier, fils, Tailleur à Bordeaux, ſe diſoit l'inventeur d'un pareil corſelet.

Septembre, & dans le Journal des Sciences & des beaux Arts du mois d'Octobre, par M. Castillon.

Ce Tailleur n'a aucuns principes des connoissances humaines, pas la moindre notion de calcul, de Géométrie, de Physique, de Méchanique, d'Hydrostatique, d'Anatomie, &c. Ses Confrères mêmes ne lui donnent pas l'éloge d'avoir jamais sçu perfectionner une Boutonniêre.

Je l'ai seulement employé, comme ouvrier, pour me faire des Scaphandres, d'après un modèle de mon invention, & suivant les leçons que j'ai bien voulu lui donner. Ce qu'il a reconnu par écrit, de sa propre main, en lettres rouges, sur un de ces corselets, qu'il a faits pour moi, sous ma direction, en 1772.

Voici le fondement de son impudence. Avant que je le connusse, un Officier dans les Gardes Françaises, avoit usé & tout démantibulé, à force de services & de mauvais soins, un Scaphandre que je lui avois fait faire. Il l'envoya chez son Tailleur Bailli, pour le raccommoder. Dès que celui-ci l'eut rajuſté, avec un revêtement tout neuf, il s'imagina bonnement, & diſoit à tout le monde, qu'il avoit *perfectionné* cet habit. C'eſt comme ſi un Savetier ſe vantoit, après avoir raccommodé des ſouliers, qu'il a perfectionné l'art du Cordonnier.

Mes ouvriers, en fait de Scaphandres, étant morts ou malades, je fus trouver ce prétendu *perfectionneur*, avec qui je débutai par condamner, & il défit effectivement un de ces habits qu'il avoit fait pour lui-même. Je l'employai quelque tems; mais enfin, ayant reçu des reproches de ſon travail, qui écraſoit les épaules hors de l'eau, je le laiſſai là, & ne voulus plus m'en ſervir.

Lui ayant écrit quelques lettres, durant que je l'employois, pour lui commander des Scaphandres, & juger avec préciſion des meſures qu'il donnoit à ſes pièces, il a pris cela pour des conſeils que je lui demandois, & a voulu ſur le champ partager la gloire d'une invention, dont je m'occupe depuis environ dix ans.

La tête en a tourné si fort à cet ouvrier, qu'il a osé paroître, avec ces lettres, en pleine Académie des Sciences, le 13e d'Août de cette année courante 1774. On lui a répondu qu'on écrivoit ainsi à un Cordonnier, à qui l'on commandoit des souliers. Je lui demandai moi-même, en présence de tous ces Messieurs, où étoit un des Scaphandres, qu'il prétendoit avoir perfectionnés. Il s'étoit bien gardé d'en apporter ; & sur l'aveu qu'il fit publiquement, qu'il n'en construisoit que d'après mes principes, suivant qu'il l'avoit écrit, en lettres rouges, de sa propre main, sur un Scaphandre qu'il m'avoit livré, il fut convaincu d'imposture, & obligé de se retirer de l'Académie, avec les qualifications les plus honteuses. Il ne s'y est pas remontré depuis, ni à Messieurs ses Commissaires, devant lesquels je l'avois sommé de comparoître, un de ses corselets à la main, pour juger de sa prétendue perfection.

Le dernier qu'il m'a fait pesoit près de dix-huit livres ; il m'écrasoit les épaules, avant d'entrer dans l'eau & lorsque j'en sortois ; & l'ayant éxaminé plus particuliè-rement, j'ai trouvé qu'il renfermoit des vices cachés, que je lui avois recommandé d'éviter ; vices qui tendoient à l'user & à le détruire plus promptement. J'en avertis dans le courant de cet ouvrage.

J'ai donc formé un autre ouvrier, beaucoup plus intelligent & bien plus docile que le Tailleur Bailli. Quoiqu'avec ce livre, on puisse faire soi-même de ces habits, il y a bien des gens, sur-tout à Paris, qui n'en voulant pas prendre la peine, désireroient de trouver des ouvriers sûrs & à bon compte, pour leur en construire.

On ne sçauroit mieux s'adresser, qu'au sieur Hirault, Maître Tailleur, Quai des Augustins, à l'Hôtel d'Auvergne, à Paris. Je lui ai donné des leçons moi-même. Il en a si bien profité, que j'avouerai, sans scrupule, tous les Scaphandres, qui sortiront de ſes mains. C'eſt d'ailleurs un ſi honnête homme, qu'à ma recommandation, il donnera au Public, pour 75 livres, ce qu'on lui a vendu, juſqu'à préſent, de 100 à 150 livres; offrant de plus d'en faire l'expérience, en pleine eau, en préſence de ceux qui auroient, pour cet objet, pris des engagemens avec lui; & promettant même d'en baiſſer le prix, au cas que les matériaux de ce travail & les denrées vinſſent à beaucoup meilleur marché qu'ils ne ſont à préſent.

Je ne finirai point cet article, ſans avertir encore le Public, de s'y prendre l'hyver, afin de ſe pourvoir de ces habits, pour la belle ſaiſon & les voyages de mer. On n'en tient point magaſin, & le tems pourroit manquer, quand on eſt preſſé.

TABLE

DES Chapitres & principaux Articles du *Traité de la construction théorique & pratique du Scaphandre, ou du Bateau de l'Homme, &c.*

FAUTES légères à corriger avant de lire cet Ouvrage.

PAGE 81, *ligne* 8, après *militaire*, mettez une virgule,

Page 97, *lig.* 15, après *échancrures*, mettez une virgule.

Page 98, *lig.* 13, *lis.* $\frac{1875}{2}$.

Page 192, *lig.* 5, nouriſſent; *liſ.* nourriſſent.

Ibid. lig. 6, chaire; *liſ.* chair.

Page 242, *lig.* 14, nager tout, ſeul; *liſ.* nager, tout ſeul.

Page 248, *lig.* 16, pag. 3; *liſ.* pag. 13.

Page 291, *lig.* 1, il bien; *liſ.* il eſt bien.

Page 299, *lig.* 5, cordre; *liſ.* corde.

TRAITÉ DE LA CONSTRUCTION THÉORIQUE ET PRATIQUE DU SCAPHANDRE, OU DU BATEAU DE L'HOMME (1).

CHAPITRE PREMIER.

VOILA enfin l'ouvrage que je promis, en 1772, dans mon *Ventri-*

(1) Ce mot est composé des deux mots Grecs, *Scaphè*, bateau, esquif, & *Andros*, de l'homme; d'où l'on forme aisément en

A

loque (1). Il y a plus de huit ans que je m'occupe, par intervalles, de

Français, le *Bateau de l'homme;* parce qu'il a été imaginé & construit uniquement pour l'homme, & non pour un cheval, un bœuf, &c. auxquels néanmoins il seroit très-aisé d'ajuster un harnois à l'imitation du Scaphandre, ce qui pourroit avoir son utilité dans le passage des grandes rivières, avec des chevaux plus chargés qu'à l'ordinaire.

La dénomination de l'*homme-bateau*, que je donnai d'abord à cet habit, n'étoit point juste, ni bien tirée du Grec: on ne devroit appeller ainsi que l'homme revêtu du Scaphandre; mais, quand il en est séparé, si on vouloit lui donner une bonne dénomination, uniquement Française, il faudroit l'appeller l'*habit-bateau*, comme l'a dit M. de Sainte-Albine.

(1) Je prie le Public de me passer la seule note incidente, qui n'a d'autre rapport à ce Traité que la promesse de l'achever le plutôt que je pourrois, insérée

l'utile invention qu'il contient, & je me ſçais bon gré de l'avoir laiſſé

---

dans mon *Ventriloque*, publié en 1772, chez la veuve Duchesne, rue S. Jacques à Paris. Je ſaiſis cette occaſion, qui peut-être ne reviendroit jamais, de répondre à quelques critiques, qui ont été faites, dans le tems, contre la forme de cette production.

Le *Ventriloque* eſt un ouvrage, dont il n'y avoit point de modèle avant 1772, dans lequel on découvre & l'on explique la cauſe de l'action, par laquelle on a cru de tout tems qu'il y avoit des perſonnes parlantes du ventre, ſans ouvrir la bouche, dont les paroles bien articulées ſembloient venir de pluſieurs centaines de pieds, dans toutes les directions imaginables; de maniere qu'étant à côté & tout près de ces perſonnes, lorſqu'elles venoient à parler en *Ventriloque*, on s'imaginoit que ces paroles ſortoient d'une rivière, d'un buiſſon, du creux de la terre, du profond des abîmes, du ſommet d'un arbre, du ſein des airs ou

mûrir pendant tout ce tems; il a reçu des degrés de perfection, qui

---

du haut du ciel, &c. A l'exception de quelques Philosophes, tous les anciens & tous les modernes avoient cru que c'étoit l'œuvre du démon, d'un génie ou d'un oracle, qui manifestoit la volonté du Souverain de l'univers. Il y a des éxemples de ces fourbes, qui ont porté l'illusion & l'atrocité, au point de faire perdre à des Rois & le trône & la vie.

Mon ouvrage sur cette matière n'est pas moins l'histoire des Ventriloques que l'explication de leur étrange propriété. « J'y » remonte jusqu'à des tems forts reculés. » L'évocation de l'ombre de Samuel, si » fameuse dans la Bible, y est discutée. On » y éxamine les Oracles de Delphes & de » Dodone. On y produit un assez grand » nombre de personnes réputées *Ventri-* » *loques*, dont la date ne remonte pas à » plus de trois cents ans.

» On y verra des traits d'une extrême

lui eussent infailliblement manqué, si je m'étois trop hâté de le publier.

» singularité, rapportés par des personnages » très-graves, se disant témoins oculaires » & auriculaires; traits qui ont dû con- » fondre & ont confondu en effet la sa- » gacité de quelques hommes fort éclairés.

» On en viendra aux *Ventriloques* de nos » jours, qui ne le cèdent nullement à ceux » du tems passé.

» Après tous ces faits bien établis, on » éxaminera s'il y a eu véritablement des » *Ventriloques*, aux termes de la dénomi- » nation; c'est-à-dire, s'il y a eu vérita- » blement des personnes, qui aient articulé » des sons ou prononcé des paroles par le » ventre même, comme le fait entendre » l'expression qui les désigne, & ainsi » qu'on l'éxécute avec le gosier, la langue, » les dents, les lèvres, &c.

» On tâchera ensuite de démontrer com- » ment, sans articuler du ventre, on » pourroit produire tous les effets attribués

Ce n'a été qu'en 1769 que j'ai trouvé l'art, moyennant mon Sca-

---

» aux *Ventriloques*, & même, dans quelques » cas, la bouche & les narines fermées.

» Il y aura un chapitre ſur l'utilité po- » litique, morale & phyſique d'une pa- » reille recherche, & l'on finira par un » trait d'hiſtoire des plus étranges, où le » génie, les recherches, le courage, le » ſacrifice même des conventions les plus » ſacrées ont dû ſe réünir contre les aſſauts » de la ſuperſtition.

» D'où l'on conclura aiſément qu'étant » comme moralement impoſſible, dans » l'état d'ignorance, de ſe ſouſtraire à cette » maladie de l'eſprit, ſa deſtruction met » le comble à la dignité des ſciences ».

Il ne m'eſt point revenu de critiques de quelque importance ſur le texte ou le fond de cet ouvrage : on a dit, contre les notes qui l'accompagnent, que leur diſpoſition en interrompoit la lecture. *On peut les ſauter*; que pluſieurs d'entr'elles n'avoient point

phandre, de marcher tout de bout, à flot, dans les eaux les plus pro-

---

de rapport au sujet. *Je le sçais bien; mais sans cette occasion je n'eusse peut-être jamais publié certaines idées, que je crois utiles : on ne fait point un livre exprès pour une douzaine de notes, jugées de quelqu'importance;* qu'il y en avoit de superflues. *Oui pour les uns, non pour les autres;* de triviales. *A Paris, j'en conviens; pour les Provinces & les Pays étrangers, c'est autre chose. Boileau, qui a écrit au sein de la Capitale, où il a fait allusion à beaucoup de faits, de modes, de mœurs, de ridicules, de coutumes, connus ou pratiqués de son tems, ne seroit plus entendu aujourd'hui, dans la même Ville, sans un bon commentaire. S'il l'eût fait lui-même, ses Concitoyens n'eussent pas manqué de lui reprocher ce que nous voudrions bien à présent tenir de sa propre main.*

Quand on est en train de fronder, la prudence est peu écoutée; on a été jusqu'à m'objecter des fraudes Typographiques, &

fondes & les plus rapides, le corps plongé seulement jusqu'aux ma-

---

les comparer à celles dont on accusoit alors l'impression de l'Encyclopédie. *Mais 1°. l'abus Typographique, s'il y en a, ne peut point m'être reproché; ce livre n'a point été imprimé à mes frais; 2°. quand il l'auroit été, n'ayant pris avant l'impression aucuns engagemens avec le Public, comme on avoit fait au contraire pour l'Encyclopédie, on ne pouvoit me reprocher avec fondement aucun abus de confiance, puisque cet ouvrage, imprimé & mis en vente avant l'achat ou que l'on eût fait aucune avance, laissoit une libre carrière à l'examen & une pleine liberté entre le prendre & le laisser. 3°. Ce prétendu abus rouleroit sur quelques pages, où l'on auroit laissé des blancs, pour commencer les chapitres au haut des pages; ce qui est reçu en Typographie, pour donner plus d'œil à l'ouvrage : d'ailleurs voyez où porte l'envie de contredire; sur cinq ou six cents pages, il n'y a pas une demi-feuille de blancs.*

melles, & je m'avisai, en 1772, de rendre le même habit propre à toutes les tailles, grosses ou grêles, longues ou courtes; ce qui a fort étendu l'usage de ce corselet & la commodité de son transport.

A présent que je ne vois plus rien d'essentiel à imaginer sur cet objet, je le livre bien volontiers pour l'utilité publique. Ayant eu le projet de traverser quelques mers, je me mis à penser aux moyens de m'en sauver en cas de besoin. Je ne sçais aucunement ou que très-peu nager. Au bout de quelques toises, mes forces s'épuisent, je perds haleine & coule à fond; mais quand je le sçaurois parfaitement, je l'eusse toujours regardé comme une ressource très-médiocre, dans un naufrage qui arriveroit seulement à deux ou trois lieues des terres.

Apprendre à nager eſt, dans le fond, une fort petite affaire, quand on a de la témérité comme les jeunes gens, ou du courage comme les hommes à grandes paſſions : pour les perſonnes plus âgées ou d'un ſang plus froid (ce qui eſt le plus grand nombre) la choſe eſt très-ſérieuſe; on eſt ou trop pareſſeux ou trop timide.

Voilà donc la plus grande partie des hommes ſans aucune reſſource dans un danger ſur l'eau; la tête leur tourne aux premières apparences; ils mettent le trouble partout. Cependant les affaires de la vie conduiſent ſouvent les hommes ſur les étangs, ſur les rivières, ſur les mers, ou bien il faut renoncer à de très-grands avantages.

Mais l'art de nager lui-même est-il bien sûr ? L'observation prouve que le plus grand nombre de ceux qui se noyent, en se baignant, sont des nageurs & souvent de bons nageurs.

Quand on ne sçait point nager, on ne s'y expose guère : les autres, se livrant aux agrémens de cette espèce de jeu, font quelquefois cet éxercice trop long-temps ; avec quelques attitudes nécessairement forcées, une trop grande fraîcheur les pénètre & contracte leurs muscles, la crampe les prend, la tête se perd, ils sont noyés.

Il n'y a point de nageur, si fort & si intrépide qu'il soit, qui ne dût frémir, pour peu qu'il y réfléchît, lorsqu'il a perdu terre dans une rivière, qui n'a pas six toises de large ; il n'est pas sûr un moment de son existence ; il peut se noyer dans l'instant.

C'est bien autre chose dans un naufrage en mer, occasionné par une tempête, un rocher, un bas-fond, une chûte de la foudre, une voie d'eau considérable, &c. sur-tout à quelque distance de la côte ; les forces s'épuisent très-vîte, les sens se bouleversent, on est perdu.

Ce qu'il y a d'important & même d'essentiel dans l'art de nager, c'est de soutenir toujours sa tête au-dessus de la surface de l'eau ; travail perpétuel & bien laborieux pour l'homme, qui n'est point construit *pour nager naturellement*, comme font plusieurs quadrupèdes, & qui pourroit, par le seul défaut de conformation, être suffoqué, en nageant parfaitement bien & dans toute la plénitude de ſes forces, ainſi que je vais tâcher de le démontrer dans la Diſſertation ſuivante.

DISSERTATION ſur le nager de l'homme, comparé à celui des quadrupèdes ; ou examen de la queſtion, ſi l'homme, ſans la peur, nageroit auſſi naturellement que les quadrupèdes, ſans l'avoir jamais appris.

J'ai lu, dans une infinité de livres, durant le cours de mon éducation, & toutes les bouches m'ont répété, que l'homme, ſans la peur, nageroit d'abord tout auſſi naturellement & tout auſſi facilement que la plupart des quadrupèdes, ſans l'avoir comme eux aucunement appris ; même encore aujourd'hui, malgré les progrès de la Phyſique, on trouve, entre les hommes éclairés, des échos de cette erreur populaire, accréditée par des doctes, qui sçavent, avec beaucoup de confiance, tout plein de choses qui ne sont pas.

Les trois seuls Auteurs de ma connoissance, qui ont fait profession d'écrire exprès sur cette matière, Thévenot, Français; Digby, Anglais, & Nicolas Wynman, Hollandais (1), n'ont pas seulement mis la chose en question; ils la supposent comme un axiome ou comme une propriété si évidente, qu'elle n'a pas besoin d'être prouvée.

C'est faute d'avoir comparé la structure & les premières habitudes de l'homme, avec celles des animaux à quatre pattes.

---

(1) On donnera, dans la suite, une idée du travail de ces Auteurs.

1°. Les quadrupèdes, que nous voyons nager naturellement, ſont plus légers que le volume d'eau, dans lequel leur corps total ſeroit plongé. C'eſt-là un principe donné par l'expérience, qui nous enſeigne auſſi que quelques hommes ſont plus légers & beaucoup d'autres plus peſans que le volume d'eau dont ils occuperoient la place. Voilà déja un premier avantage qu'ont les animaux ſur la plupart des hommes; car ſurnager ou être à flot eſt une des conditions les plus eſſentielles du nager.

2°. Quand même tous les hommes ſeroient plus légers que le volume d'eau dont ils occuperoient la place, il n'en faudroit pas conclure qu'à l'éxemple de quelques autres animaux, ils pourroient nager, comme eux, ſans aucune crainte de ſuffocation; car les organes externes de la reſpiration, dans ces animaux, ſont placés aux extrêmités de leur tête immédiatement (1) : ainſi, pour peu qu'ils ſoient plus légers qu'un

(1) Cette obſervation a été auſſi faite, ou plus vraiſemblablement recueillie par l'Auteur d'une *nouvelle Oſtéologie .... avec une Diſſertation ſur le marcher de l'homme & des animaux, ſur le vol des oiſeaux & ſur le nager des poiſſons*, imprimée, à Paris, chez Laurent d'Houry, en 1689.

Cet Auteur a très-bien fait de garder l'anonyme : quoique venu après de très-habiles Anatomiſtes, ſon expoſition du ſquelette & ſes deſcriptions de quelques autres parties du corps humain, de celles des oiſeaux & des poiſſons, ſont des plus ſèches & des plus pauvres; ce ſeroit donc riſquer l'honneur de ſon jugement que de lui attribuer une bonne obſervation.

pareil

pareil volume d'eau, quand ils y seroient plongés jusqu'au-delà des yeux, à quelques lignes de distance des narines, en levant un peu la tête, ils seroient à couvert de la suffocation.

L'éléphant a ici un très-grand avantage sur les autres quadrupèdes; car la trompe par laquelle il respire, & qui lui sert de nez & de main, pouvant s'allonger plusieurs pieds au-delà de sa bouche, permet à son corps d'être totalement sous les eaux ou d'être entièrement submergé, sans aucun risque d'être suffoqué.

Il n'en est pas ainsi de l'homme: les organes externes de la respiration ne sont point aux extrêmités de sa tête; du sommet de cette partie à sa bouche, ou à ses narines, il y a près d'un demi-pied; par conséquent l'homme qui entreroit tout debout dans l'eau, sans pouvoir y enfoncer que jusqu'aux yeux, ne laisseroit pas d'y être suffoqué, quoique naturellement plus léger qu'un pareil volume d'eau.

3°. Le corps des quadrupèdes est situé à peu près horizontalement de devant en arrière; ils entrent ainsi dans l'eau, sans rien changer à cette disposition naturelle : dès qu'ils y sont à flot, à cause de leur plus grande légèreté spécifique, suivant le n°. 1, il ne leur faut plus, pour y avancer, que remuer les jambes, comme ils font sur la terre pour marcher : en effet, les voir nager, c'est les voir marcher; ils ne font point de mouvemens différens pour ces deux allures; sçavoir marcher pour eux, c'est sçavoir nager; l'un leur est tout aussi naturel que l'autre.

Cependant, quoique les animaux ne fassent, dans les eaux où ils nagent, que les mouvemens du marcher, ils n'y marchent point; c'est-à-dire, que leur progression ne s'y fait point, en vertu de quelques parties d'eau, qu'ils fouleroient de haut en bas avec leurs pattes comme sur la terre, & c'est-là une espèce de paradoxe qu'il est important de bien expliquer.

Dans le marcher sur la terre en plein air, les quadrupèdes, ainsi que l'homme, éxercent deux pressions; l'une par laquelle ils foulent la terre de haut en bas, pour y avoir un point d'appui, qui leur sert à se porter en avant, ou à déterminer leurs mouvemens suivant leurs facultés naturelles. Cette première espèce de pression est très-apparente, & presque la seule qui produise un effet bien marqué, dans le marcher des animaux sur la terre en plein air.

Il y en a pourtant une autre bien moins sensible, mais toute aussi réelle que la première; c'est une pression sur l'air, laquelle se fait à peu près horizontalement, par le refoulement (1) que l'animal en fait, suivant les directions dans lesquelles il se porte. Cet air, en se rétablis-

(1) Refoulement & foulement, pour exprimer l'action de fouler & de refouler, ne se trouvent point dans les Dictionnaires. Il seroit bon de les y mettre, & encore mieux de donner des substantifs à tous les verbes qui en manquent; on éviteroit bien des phrases, c'est-à-dire, un grand assemblage de mots, au lieu d'un seul qui suffiroit.

ſant, réagit ſur l'animal & aide inſenſiblement à le porter en avant. Les hommes qui cheminent, les bras balans ou pendans, en reçoivent quelque bénéfice (1).

---

(1) Quand on chemine, les bras balans ou faiſant le pendule, ſans le concours de la volonté, l'*humerus* s'écarte du corps par la première impreſſion du mouvement, & s'en rapproche lorſqu'il revient, en ſe contournant vers la poitrine, dans la cavité glénoïde de l'omoplate. Par ce méchaniſme, le bras, porté en avant, fend l'air avec le tranchant de la main, & lui oppoſe moins de réſiſtance que la paume, qui vient ſe préſenter à ce fluide, pour le refouler en ſe rapprochant du corps ; ainſi, la réaction de l'air étant plus forte, quand la main revient, que quand elle avance, cela aide à favoriſer la progreſſion.

Il eſt vrai que cette force auxiliaire, de la part du reflux ou de la réaction de l'air,

Que l'on prenne garde à cette dernière pression ou à ce refoulement horizontal ; c'est cela qui fait presque toute l'affaire dans le nager des animaux. Le foulement ou la pression de haut en bas, si efficace pour leur marcher en terre ferme, n'est presque plus rien, quand ils sont à la nage ; il sert un peu à les relever vers la surface des eaux.

Dès que l'animal est à flot, il se met à exécuter les mouvemens du marcher : la pression de haut en bas, la seule bien apparente dans son marcher sur la terre, n'est presque

est ici bien peu de chose, en comparaison de celle que la volonté imprime aux muscles : il en faut pourtant faire l'observation ou la remarque, à cause du grand rôle qu'elle jouera bientôt dans le nager, où l'eau va être substituée à l'air.

plus rien ici ; l'eau fuit sous les quatre petites bases de ses pattes, & ne leur oppose en ce sens qu'une très-foible résistance.

Mais la pression horizontale ou presque horizontale de ses quatre jambes, qui n'étoit presque rien dans l'air, devient ici une action très-considérable ; ce sont quatre avirons, lesquels, pendans du bas des épaules & des hanches jusqu'au bout des pattes, refoulent l'eau presque horizontalement, en se courbant un peu de bas en haut & de devant en arrière. L'eau, foulée puissamment & assez brusquement par ces quatre avirons, réagit de même & refoule en avant le corps auquel ils tiennent, en le soulevant un peu du côté de la surface de l'air, où elle trouve moins de résistance.

Ainſi, un animal à flot, en exécutant les mouvemens du marcher, ne marche pourtant point dans les eaux où il nage; il avance comme un bateau, ſoumis à l'action de quatre rames ou de quatre avirons qui le pouſſent.

Je ſçais bien qu'en ramenant ſes jambes d'arrière en avant, il pouſſe devant lui une portion d'eau, qui le repouſſe en arrière; mais cette répulſion eſt bien inférieure à la preſſion qui le fait avancer; parce que la fléxion des articulations de ſes jambes ſe faiſant, par leur conformation naturelle, avec plus de facilité & de preſteſſe, de devant en arrière que d'arrière en avant, il arrive que ce déployement de force, plus avantageux ſur les eaux poſtérieures que ſur les antérieures, porte auſſi l'animal, en vertu de la réaction & de sa volonté, bien plus efficacement en avant qu'en arrière.

Nous venons de voir que, pour nager, le quadrupède n'étoit point obligé de changer ni sa situation ni son allure naturelles, & qu'en faisant à flot les mouvemens ordinaires du marcher, ceux du nager s'en suivoient nécessairement, quoique par des impulsions bien différentes de celles qui se présentoient sur la terre ferme.

L'homme est tout-à-fait dans un autre cas : lorsqu'il veut nager, il est obligé de renverser sa situation naturelle, de prendre des mouvemens, qui ne sont point dans ses habitudes, & d'avoir presqu'en tout des attitudes forcées.

Par la seule inspection de la manière dont les jambes ſont articulées avec les cuiſſes, il eſt évident qu'indépendamment de notre habitude, la nature a voulu que notre corps fût poſé verticalement ou perpendiculairement à l'horizon, & que nous marchaſſions debout ſur les plantes de nos pieds : mais, pour nager, l'homme eſt obligé de ſe mettre ſur le ventre ; poſition bien gênante (1) pour ſa tête, laquelle, ne s'appuyant plus ſur la colonne vertébrale, tend perpétuellement à tomber, & donne par-là au nageur

(1) M. Bazin, Docteur en Médecine, qu'il pratiquoit & profeſſoit à Straſbourg, a fait cette même obſervation dans un volume *in*-4°. qu'il publia en 1741, où l'on trouve une Diſſertation ſur la différence qu'il y a entre l'homme & les quadrupèdes, par rapport à la faculté de nager.

un grand poids & un grand travail à ſoutenir; embarras que n'ont point les quadrupèdes, dont la tête conſerve, dans le nager, ſa poſition ordinaire.

Nous ne marchons donc point, le ventre parallèle à l'horiſon, comme les quadrupèdes auxquels nous nous comparons : s'ils nagent comme ils marchent, ainſi que nous venons de le voir, l'homme ne nage point comme il marche ; il faut qu'il éxerce dans ce cas des mouvemens tout-à-fait nouveaux pour lui & aucunement naturels, étant abſolument étrangers à ceux qu'il a coutume d'employer pour ſa conſervation ordinaire; car aucuns de nos beſoins naturels ne nous porte à tenir nos doigts, ni à remuer nos mains, nos bras, nos cuiſſes & nos jambes comme des grenouilles, dont l'état est de nager.

La peur contribue, sans doute, à accélérer la suffocation de ceux qui tombent dans des eaux profondes sans sçavoir nager; mais cette peur est fondée sur le défaut de structure, sur celui de l'éxercice dans les mouvemens extraordinaires qu'éxige le nager, sur le renversement de la situation habituelle de leur corps, auquel la nature a prescrit de se tenir debout, de marcher sur la plante de ses pieds, & non de ramper ou de se glisser sur le ventre comme font les nageurs.

4°. Que l'on observe des quadrupèdes; des chevaux, par éxemple, qui tombent pour la première fois dans des eaux trop profondes: les mouvemens incertains de leur tête, leur respiration précipitée, leurs naseaux élargis & reniflans, leurs yeux effarouchés, tout annonce la peur qui les trouble; ils ne se noyent pourtant pas, lorsqu'ils sont à portée de se sauver; parce qu'encore une fois leurs mouvemens ne sont pas ici renversés comme ceux des hommes, & que nager n'est autre chose pour eux qu'éxercer les mouvemens du marcher, sans rien changer absolument à la situation naturelle de leur corps.

Ainsi, un homme intrépide au milieu des eaux trop profondes, où il tomberoit sans sçavoir nager, seroit en général infailliblement noyé en fort peu de tems; & par conséquent, afin qu'il puisse se soutenir & se porter sur les eaux avec quelqu'avantage, il faut qu'il l'apprenne d'une manière quelconque, comme on apprend à *faire des armes*, pour faire un coup d'escrime, ou parer un coup d'épée.

Il est, à la vérité, bien naturel de se défendre ou d'attaquer pour des besoins indispensables; mais c'est à l'art que nous en devons les moyens, c'est-à-dire, à nos réflexions, à nos méditations, à des actes souvent répétés & toujours étudiés, à ce désir ardent & à cette merveilleuse facilité qu'a l'homme d'imiter tout ce qu'il voit faire; ce qui n'est cependant, même pour un succès médiocre, que le fruit du tems & de l'expérience.

Puisque l'homme n'est pas naturellement bien conformé pour nager, & que dans cet exercice tous ses mouvemens sont renversés & contre ſes habitudes, que ſa tête y eſt mal ſoutenue, que les organes externes de ſa reſpiration n'y ſont qu'à quelques pouces de la ſurface des eaux, & qu'ainſi, pour peu qu'elles *friſent*, comme s'expriment les Marins, ou qu'elles s'élèvent en petits monticules, elles inondent perpétuellement ſon viſage, bouchent abſolument ſes narines & le ſuffoquent dans toute la plénitude de ſes forces, il s'enſuit que l'on avoit à déſirer un art, moyennant lequel l'homme entrât & ſe ſoutînt dans les eaux les plus profondes, les plus rapides & les plus agitées, préciſément de même qu'il ſe tient debout ſur la terre, ou qu'il y marche : il falloit alors qu'il n'eût jamais à craindre le renverſement, qu'il s'y ſoutînt ou y avançât, ſans redouter la crampe, ni l'épuisement de ses forces; qu'étant à flot, les organes externes de sa respiration fussent considérablement éloignés de la surface des eaux, sans nuire à la fermeté de sa position; qu'il pût y prendre toutes sortes d'attitudes, & se ramener avec aisance à la position verticale, ou se tenir tout debout, même plus sûrement qu'en terre ferme (1); que

(1) La station, ou l'action de se tenir debout en plein air, sans changer de place, devient, en assez peu de tems, incommode & incertaine. Comme on ne pose alors que sur les plantes des pieds, dont les bases, étroites & courtes, portent tout le poids du corps, qui n'est environné que de l'air, fluide très-peu résistant, on voit que les muscles antagonistes doivent être dans une tension perpétuelle, pour conserver au corps sa perpendicularité, ou le préserver de la

ses

ſes bras fuſſent aſſez dégagés des eaux, pour y faire aiſément toutes ſortes de manœuvres, & enfin qu'il pût y marcher, à toute rigueur, de même que ſur la terre; art, comme l'on voit, abſolument nouveau, & que je me propoſe d'enſeigner, dans

---

chûte; voilà pourquoi il eſt ſi fatigant de ſe tenir debout, pendant quelques heures, ſans marcher.

Or, quand on ſe tient tout debout, à flot, plongé juſqu'aux mamelles, non-ſeulement les plantes des pieds éprouvent une très-légère preſſion, mais toute la partie plongeante du corps ſe trouve comme engainée & bien retenue dans un fluide, réſiſtant à ſa chûte ou à ſon déplacement huit cents fois plus que l'air, ſuivant les expériences des Phyſiciens. Il eſt donc incomparablement plus ſûr de ſe tenir debout, à flot, que ſur la terre, en plein air.

cet ouvrage, à tout le monde indiſtinctement.

RECHERCHES préliminaires ſur la peſanteur du Liége, comparée à celle de l'eau commune, & ſur le centre de Gravité *ou de* Peſanteur *du corps de l'homme.*

Le Liége, cette écorce ſi connue d'une eſpèce de chêne, eſt la matière première, dont je fais uſage pour la conſtruction de l'habit à nager, ſans l'avoir jamais appris, auquel j'ai donné le nom de *Scaphandre* ou de *Bateau de l'homme.*

Cette matière eſt beaucoup plus légère qu'un pareil volume d'eau. C'eſt pourquoi les Pêcheurs s'en ſervent pour ſoutenir, en partie, leurs filets au-deſſus de l'eau, ſous laquelle ils s'enfonceroient trop ſans cette précaution.

Il étoit aſſez naturel à ceux qui ne ſçavoient point, & qui vouloient pourtant ſçavoir nager, d'imiter ce que faiſoient les Pêcheurs. Auſſi voit-on ſouvent, dans les ports de mer, des jeunes gens garnir leur poitrine de morceaux de Liége, pour apprendre à nager avec plus de confiance, juſqu'à ce qu'ils aient appris à s'en paſſer, à force d'éxercice ou de mouvemens étudiés.

Cette coutume eſt fort ancienne. Les premiers Romains donnoient des éloges aux jeunes gens, parvenus à ce qu'ils appelloient *nare ſine cortice*, c'eſt-à-dire, à nager ſans écorce ; il y avoit même une ſorte de mépris attaché à l'ignorance de cet art ; ignorance auſſi honteuſe que celle de ne pas ſçavoir lire. Un homme étoit réputé chez eux n'être propre à rien, quand on diſoit de lui *nec nare nec litteras didicit*, il n'a appris ni à nager ni à lire.

Il ne leur tomba point dans l'eſprit, qu'il pouvoit y avoir un art d'employer l'écorce, pour le nager, bien ſupérieur à celui de s'en paſſer. Tout art ſuppoſe des règles, & toute règle veut des principes d'expérience ou de théorie. Avec trop de Liége il y auroit de l'incommodité & même du danger, & avec trop peu on ne rempliroit point ſes vues; s'il n'étoit point placé où il faut, ſi l'équilibre de ſes parties n'étoit pas bien gardé, ſi elles n'étoient pas rompues convenablement aux différentes infléxions du corps, ſi elles en gênoient ou ſi elles en bornoient trop les mouvemens, si elles y tenoient d'une manière incertaine & incommode, si elles l'exposoient au renversement, &c. il est clair qu'un moyen de cette nature ne seroit pas proposable, & devroit être rejetté. Nous avons donc pourvu à tous ces inconvéniens, & fait de ces premières idées un art tout-à-fait régulier.

L'expérience nous a donné, pour premier principe, qu'un morceau de Liége commun & sec (1) s'enfonçoit dans l'eau, à très-peu près, du quart de son volume; c'est-à-dire,

(1) Tous les Liéges ne se ressemblent pas; il y en a de plus ou de moins poreux, de plus ou de moins secs: ainsi, par cette double raison, deux morceaux de Liége, égaux en volume & en figure, ne sont pas pour cela de poids égal.

qu'un morceau de Liége, par exemple, pesant une once, éxigeoit d'être chargé du poids de trois autres onces (1) pour être entièrement

---

(1) Puisque son propre poids d'une once le fait enfoncer, dans l'eau, du quart de son volume, en le chargeant d'une autre once, on le fera enfoncer d'un autre quart; si on y ajoute une nouvelle once, on le verra enfoncer d'un troisième quart; enfin, l'addition d'une troisième once, fera enfoncer son quatrième quart, ou le fera plonger totalement. Il est donc très-clair qu'un morceau de Liége, dont le propre poids ne le fait enfoncer dans l'eau que du quart de son volume, est en état d'y soutenir un corps trois fois plus pesant que lui.

Quand on met un morceau de Liége sur l'eau, pour voir de combien il s'y enfonce, il faut, avant d'en faire l'observation, que les molécules d'air de la partie plongeante en soient bien dégagées; autrement cette

submergé, ou en parfait équilibre avec un pareil volume d'eau; de manière que trois onces de fer, de plomb, &c. placées ou attachées sur ce morceau de Liége, y seroient soutenues ou portées, sans couler à fond.

Au lieu d'une once, prenons une livre, & raisonnant d'après cette première expérience, nous dirons: si une livre de Liége peut soutenir

---

pièce pourroit surnager, sans s'y enfoncer sensiblement; c'est pourquoi, après avoir fait toucher l'eau à l'une de ses faces, sur laquelle on veut qu'elle surnage, on l'essuiera bien éxactement, pour en emporter tout ce qui pourroit y retenir quelques molécules d'air, & la remettant ensuite sur l'eau, on l'y laissera tranquille, pendant quelques minutes, afin de pouvoir mieux observer jusqu'où elle s'enfonce.

ou porter, ſur la ſurface des eaux, le poids de trois autres livres d'une matière quelconque, il eſt clair que ſix livres de ce même Liége ſoutiendront trois fois ſix livres, ou un poids de dix-huit livres, ſans qu'il puiſſe couler à fond.

Par conſéquent, ſi le corps d'un homme, enfoncé tout debout, juſqu'aux mamelles, dans des eaux profondes, ne pèſe pas dix-huit livres plus que le volume d'eau, où il eſt plongé, on voit qu'en revêtant ce corps de ſix livres de Liége, ſuivant les règles que nous enſeignerons plus bas, ces ſix livres de Liége, plongeant entièrement dans l'eau, ſoutiendront, au-deſſus de ſa ſurface, le poids des dix-huit livres, dont le corps excède celui du volume d'eau, où il plonge, & qu'ainſi, pourvu qu'il ne ſurvienne point d'autre cauſe, il ſe ſoutiendra conſtamment à cette hauteur, ſans pouvoir jamais enfoncer au-delà.

Du centre de Gravité ou de Peſanteur dans le corps de l'homme.

Ce n'eſt pas ſans deſſein que nous venons de choiſir l'éxemple d'un homme, enfoncé debout, juſqu'aux mamelles, dans des eaux profondes, où il ſeroit ſoutenu par ſix livres de Liége, qui y plongeroient totalement; nous devons à une ſeconde expérience cette quantité de Liége & cette immerſion déterminées, leſquelles ſerviront de fondemens pour la conſtruction du Scaphandre.

Mais, outre cela, il faut conſidérer un *Point*, ou plutôt une *Ligne*, ſur laquelle posant le corps d'un homme, ses parties deviennent en équilibre, ou se balancent réciproquement, sans que la somme des unes l'emporte en pesanteur sur la somme des autres : c'est-là ce que les Physiciens appellent le *centre de Gravité* ou la *ligne de Pesanteur* de ce corps.

Mesurez-en la longueur ou la hauteur ; prenez-en la moitié, qui se terminera vers la région du *pubis* ou des *aînes ;* faites-y passer une ceinture fort étroite ; suspendez-y ce corps, & vous trouverez que le poids de sa partie supérieure l'emporte de beaucoup sur celui de l'inférieure. Son centre de Pesanteur n'est donc pas vers cette région.

Par conséquent ce corps, plongé debout, dans des eaux profondes, depuis les pieds jusqu'à la moitié de sa hauteur, & qui s'y trouveroit à flot, par une matière quelconque, distribuée également sur ses deux moitiés, y auroit, sans contre-poids (1), une consistance fort in-

(1) Les contre-poids sont de nouvelles charges & de nouveaux soins. Si on venoit à les oublier ou à les perdre, on passeroit fort mal son tems dans l'eau. Le Matelot, qui n'auroit pas le tems de s'en défaire, seroit retardé & appesanti dans ses manœuvres, & le Soldat, surpris par l'ennemi, en s'en défaisant, seroit massacré, avant de pouvoir se défendre. Notre Scaphandre est tellement construit, que l'on trouve, dans son propre corps, les contre-poids qu'il seroit si incommode & si dangereux d'aller chercher ailleurs. Cependant, quand on a le tems à soi, & que l'on veut tenir, hors de l'eau, une plus grande partie de son corps, les contre-poids peuvent être très-utiles.

certaine; pour peu qu'il ſe dérangeât de la verticale, ou de la perpendiculaire à l'eau, il ſeroit dans un danger perpétuel de faire la culbute, de mettre ſa tête où ſeroient ſes pieds, & ſes pieds en la place de ſa tête; puiſque la moitié ſupérieure de ce corps étant, comme on vient de le voir, plus peſante que l'inférieure, tendroit ſans ceſſe à porter la tête vers le fond, & les pieds vers la ſurface de l'eau; poſition des plus incommodes & des plus dangereuſes.

En regardant, comme une ſeule maſſe, ce corps & la matière étrangère, qui le ſoutient dans les eaux, il faut donc, pour qu'elle y ſoit à flot avec quelqu'aſſurance, qu'elle y plonge au moins juſqu'à ſon centre de Peſanteur, que l'on trouve, en certaines perſonnes, vers la région du *bréchet* ou du *ſcrobicule*; car alors, flottant ſur une ligne, chargée également des deux côtés, il n'y a pas de raiſon pourquoi l'équilibre ſe romproit, ſans une cauſe étrangère.

Cela ne ſuffit pourtant pas pour une parfaite ſécurité; cet équilibre pourroit être trop aiſément rompu, par une infinité d'accidens; le ſouffle de l'air ou des vents, l'agitation irrégulière des eaux, les moindres manœuvres, dont la preſſion ſe feroit beaucoup plus ſur la partie ſupérieure, qui eſt en l'air, que ſur l'inférieure, plongée dans les eaux, donneroient à l'homme (que nous remettons en la place de la maſſe ſuppoſée) une perpétuelle inquiétude, pour regagner ſon équilibre, par l'action de ſa volonté.

Afin d'inſpirer une parfaite confiance à ceux que l'on voudroit mettre à flot, de cette manière, dans des eaux profondes, on ſeroit donc forcé de les y faire plonger juſqu'à quelques pouces au-deſſus du centre de Peſanteur; car alors ce centre, ſollicité à céder ou à ſe déplacer par quelqu'accident, trouvant une forte réſiſtance de la part de l'eau, où il plongeroit, ſeroit dérangé bien difficilement, pour peu que l'action de la volonté concourût à la conſervation ou au rétabliſſement de ſon équilibre.

C'eſt pourquoi, voulant abſolument me paſſer de contre-poids, toujours incommodes & quelquefois dangereux, je me ſuis déterminé à laiſſer plonger, tout debout, le corps avec le Scaphandre, juſques vers la région des mamelles; ce qui n'ôte point aux bras la liberté de leurs mouvemens en plein air.

On peut voir à présent combien porte à faux l'objection, que l'on m'a faite tant de fois, de ne pas laisser hors de l'eau une plus considérable partie du corps; c'est que, dans ce cas, le centre de Pesanteur n'étant plus retenu par l'eau, où il ne plongeroit pas, ou dans laquelle il ne plongeroit pas assez, il faudroit une grande & perpétuelle attention pour se bien tenir, toujours exposé à faire la culbute; au lieu qu'au point, où je fais monter l'eau, on a, avec le libre éxercice de ses bras, une fermeté & un maintien beaucoup plus assurés que sur la terre, en plein air.

Nous n'y posons que sur deux

petites bafes, les plantes de nos pieds; tout le refte du corps n'eft entouré que d'air, fluide, fuivant les expériences des Phyficiens, réfiftant, à peu près, huit cents fois moins que l'eau : mais plongé dans ce dernier élément, environ jufqu'aux trois quarts de fa hauteur, il fe trouve comme engaîné dans une matière, dont la forte réfiftance affure fa pofition contre les chocs étrangers. Voilà pourquoi on éprouvera conftamment plus de fermeté, plongé dans l'eau, comme je le fuis avec mon Scaphandre, que quand on fe tient debout fur la terre, ou que l'on y marche en plein air.

On verra plus bas les moyens auxquels il faut recourir, quand on veut avoir, hors de l'eau, une plus grande partie du corps.

Quelles

Quelles sont les parties du corps, que l'on doit charger ou revêtir de Liége ?

La nature, comme nous venons de le dire, a fait la moitié supérieure du corps de l'homme plus pesante que l'inférieure ; & comme il est principalement question, quand on est à flot, d'empêcher la tête, & sur-tout les organes externes de la respiration, d'être submergés, il faut que l'art rende, au contraire, la partie supérieure du corps plus légère, dans l'eau (1), que l'infé-

(1) Lorsqu'on charge de Liége la partie supérieure du corps, elle devient encore, en plein air, plus pesante qu'elle n'étoit à l'égard de l'inférieure ; mais, dans l'eau, elle peut y devenir beaucoup plus légère : car, supposons que la partie supérieure pèse,

rieure; de manière qu'après avoir habillé un homme, comme nous l'enseignerons, s'il venoit à tomber dans une eau profonde, ou si on l'y jettoit cul par dessus tête, il pût revenir tout debout, la tête la première, à la surface de cette eau, en y plongeant seulement jusqu'au bas des épaules; c'est-à-dire, qu'en langage de Marine, la partie infé-

---

dans l'air, quatre livres de plus que l'inférieure, & que cette même partie supérieure, chargée de Liége dans l'eau, soit, par ce moyen, retirée ou repoussée vers sa surface, avec une force de dix-huit livres, il est évident que la supérieure pèsera alors quatorze livres moins que l'inférieure, les quatre livres, que cette dernière pesoit de plus, dans l'air, se trouvant détruites, dans l'eau, par quatre autres livres égales, prises du nombre des dix-huit, qui agissent en sens contraire.

tieure du corps pût *Lester* la supérieure, par la seule construction de l'espèce d'armure, dont il seroit revêtu.

On se gardera donc bien de garnir de Liége les pieds, les jambes & les cuisses; on rendroit ainsi plus légère, dans l'eau, la partie du corps, qui doit y être la plus pesante, & l'on feroit tendre vers sa surface ce qu'il faut, au contraire, porter vers son fond.

Il ne faudra pas même en revêtir tout le bassin, c'est-à-dire, toute la région qui s'étend depuis le pubis jusques vers le milieu des hanches; cela gêneroit le mouvement des cuisses, & augmenteroit encore, dans l'eau, la légèreté d'une partie, qui doit contribuer au *Lest*; car les fesses ne pourroient être portées, au moyen du Liége, vers la ſurface de l'eau, qu'en faiſant incliner la partie antérieure du corps vers cette même ſurface, dont nous cherchons préciſément à l'éloigner.

Nous avons trouvé que, pour avoir, à flot, une poſition commode & bien aſſurée, il ne falloit pas que ce corſelet, garni de Liége, portant ſur les épaules, deſcendît plus bas que les environs du milieu des hanches. Par cet artifice, la partie ſupérieure du corps, rendue plus légère, dans l'eau, que l'inférieure; ſe tiendra au-deſſus de ſa ſurface, & l'inférieure, devenue alors la plus peſante, ſe portera néceſſairement vers le fond.

Cet eſpace, depuis la ceinture ou environ le milieu des hanches, juſqu'aux mamelles, eſt aſſez peu étendu. Voilà pourtant la ſeule portion de ſurface, qui règne tout au tour du corps, ſur laquelle nous avons à diſtribuer, avec art, les ſix livres de Liége, preſcrites par l'expérience. Deux livres environ de plus, que nous employons, pour revêtir toute la ſurface qui environne le corps, depuis les mamelles juſqu'à la hauteur des clavicules, ne ſont d'uſage qu'en certains cas, où elles ſont forcées de plonger dans l'eau, comme nous l'expliquerons plus bas : il faudra donc regagner, en épaiſſeur, ce qui manquera au Liége, du côté de ſa longueur ou de ſa largeur.

Préparation des morceaux ou pièces de Liége, leurs dimensions & leurs poids.

On choisira du Liége, qui ne soit pas trop dense ou trop compact, c'est-à-dire, dont les fibres ou les parties ne soient pas trop serrées ; plongé dans l'eau, il y surnageroit moins, ou tendroit moins à y surnager : il ne faut pas non plus qu'il soit trop poreux ou trop spongieux, c'est-à-dire, qu'il ait de grandes chambres ou de grands creux ; quand on feroit usage du Scaphandre, l'eau iroit se nicher dans ces cavités, se dissiperoit difficilement, lorsqu'on feroit sécher cet habit, & par conséquent exposeroit à une usûre & à une pourriture trop promptes les toiles ſur quoi poſe le Liége & dont il eſt revêtu, de même que la ficelle & le fil qui en aſſurent tout l'aſſemblage.

Le plus épais des Liéges, qui ont aſſez bien répondu à mes vues, m'a coûté, à Paris, cette année 1773, treize à quatorze ſols la livre, en planches, ſortant de la cave, & le plus mince dix ſols, chez Madame la veuve Liégeard, rue de la Huchette, où l'on trouve un magaſin de cette marchandiſe, toujours bien aſſorti.

Après que l'on aura fait un choix convenable de cette écorce, on la coupera en pièces, à baſes ou à faces quarrées, de deux pouces & demi ou trente lignes de long, ſur une largeur & une épaiſſeur de même; c'eſt-à-dire, que chaque pièce de Liége, juſqu'à un certain nombre, que j'indiquerai, ſoit longue, large & épaiſſe de deux pouces & demi, en un mot, ſoit un cube parfait, dont le côté ait trente lignes; faite d'un Liége commun, ni trop ſerré, ni trop ſpongieux, elle doit peſer, environ, une once cinq gros; ce dont on verra la raiſon plus bas.

On ne trouve pas ordinairement des planches de Liége, épaiſſes de deux pouces & demi; cela même eſt aſſez rare: on en mettra donc pluſieurs pièces, les unes ſur les autres (trois, s'il le faut) [Fig. 1, Pl. I.] juſqu'à ce que l'on parvienne à cette épaiſſeur. En mettant du Liége à quatorze ſols avec du Liége à dix ſols, ordinairement deux pièces ſuffiſent, & il y a peu de perte.

Pour que les faces, qui poſeront

les unes ſur les autres, puiſſent s'y appliquer bien parfaitement, on les unira ou applanira, au moyen d'un étau, avec un couteau deſtiné à cet uſage, & non avec une lime (1); elles ſeront maintenues, dans leur aſſemblage, avec de la ficelle, qui les traverſera, de part en part, diagonalement, ou, ce que l'on trouvera, peut-être, plus commode,

---

(1) Cet inſtrument rend la ſurface du Liége, en quelque ſorte, cotoneuſe, toute velue ou hériſſée de petits poils fort courts & fort épais : cela ouvre évidemment ou élargit les pores externes de cette écorce, lui fait prendre & conſerver plus d'eau, qu'elle n'en retiendroit ſans cette opération, & par conſéquent expoſe les toiles à une plus prompte pourriture; puiſqu'après l'uſage du Scaphandre, il faudroit beaucoup plus de tems pour les faire ſécher.

avec des chevilles de bois très-grêles, ou, enfin, par tout autre moyen, que l'imagination ou les circonstances présenteront; pourvu que ce ne soit pas des clous d'épingle, qui donneroient trop de pesanteur au Scaphandre (1).

L'assemblage des pièces de mon dernier Scaphandre, construit, sous mes yeux & ma direction, en Août 1773, s'est fait avec du bois de hêtre, réduit en petites chevilles (2),

(1) Les clous d'épingle étant de fer, sont plus pesans qu'un pareil volume d'eau; ils feroient donc enfoncer davantage le Scaphandre qui y plongeroit; au lieu que le fil, la ficelle, le bois, étant des substances qui surnagent, n'augmentent aucunement, dans l'eau, le poids de cet habit.

(2) Cela est fort bon pour cet objet;

légèrement raboteuſes dans leur corps, aiguiſées par un bout, auxquelles on préparoit la voie, par un coup de poinçon très-délié, que l'on enfonçoit, de quelques pouces, dans les pièces de Liége.

Nous avons dit, ci-deſſus, que le Scaphandre ne devoit point deſcendre plus bas que le milieu des hanches, & qu'il ne devoit plonger,

---

elles ſont fort légères, & les inégalités, qui ſe trouvent dans toute la longueur de leur corps, contribuent ſingulièrement bien à les lier avec l'écorce, dans laquelle on les engage; car, dès que leur trajet eſt effectué, les parties du Liége, qui avoient cédé le paſſage, reviennent, par leur reſſort, remplir les petites cavités ou les dépreſſions, ſi fréquentes ſur tout le corps de ces chevilles, & y forment, par-là, une adhérence très-intime.

dans l'eau, que jusques vers la région des mamelles. Il faut donc distribuer, sur le pourtour du corps, dans ce court intervalle, six livres de Liége (en quelques cas, huit à neuf, suivant la pesanteur de cette écorce) mises en pièces, longues, larges & épaisses de deux pouces & demi.

Le pourtour du corps d'un homme ordinaire, ou plutôt celui du gilet, sur lequel ces pièces doivent être attachées, a été évalué, suivant notre estime, pour la facilité de la respiration, à trois pieds deux pouces, ou à trente-huit pouces ; on en peut mettre cinquante, à cause des remplis.

Ainsi, en faisant un rang ou une ceinture de ces pièces, qui en contienne quinze, ou quatorze & deux demies (1), le pourtour de ce rang contiendra quinze fois deux pouces & demi, ou trente-ſept pouces & demi, qui reviennent à trois pieds, un pouce, ſix lignes, ou, environ, à trente-huit pouces, à cauſe de quelques points d'intervalle, que ces pièces pourront laiſſer entre elles; ce qui approche déja beaucoup du circuit du corps ou du gilet: il n'y reſte plus qu'à remplir un eſpace de douze pouces.

Le Scaphandre, que nous allons enſeigner à conſtruire, ſera diviſé en quatre panneaux, qui ſe réüni-

(1) Ces demi-pièces, qui ſe trouveront ſur le devant du corps, à droite & à gauche, ſe prêtant mieux à leurs approches, que des pièces entières, quand on vient à nouer les cordons antérieurs. Voyez les figures 2 & 7 de la planche I.

ront par des cordons (fig. 1 pl. II). Chaque panneau ayant deux bords latéraux, & mettant un pouce & demi pour le rempli de chaque bord, ce sera trois pouces pour les remplis de chaque panneau, &, par conséquent, douze pouces pour les remplis des quatre panneaux. Ces douze pouces, ajoutés aux trente-huit, couverts de Liége, composeront les cinquante pouces de circuit, donnés à la première toile, avant de la travailler.

Mais, puisque chaque pièce pèse une once cinq gros, ou une once & $\frac{5}{8}$, l'une portant l'autre, ainsi que l'expérience le donne à peu près, les quinze pièces d'une ceinture ou d'un rang pèseront quinze fois une once & $\frac{5}{8}$, ou une livre, huit onces & trois gros; par conséquent, en mettant de ſuite quatre rangées ou ceintures de cette eſpèce, les unes au-deſſus des autres, on aura quatre fois une livre, huit onces & trois gros, c'eſt-à-dire, ſix livres, une once & quatre gros, répandus ſur un pourtour, qui n'aura de large que quatre fois deux pouces & demi, qui reviennent à dix pouces, & un peu plus, à cauſe de quelques points d'intervalle, que ces rangées laiſſent entre elles.

Auſſi trouvera-t-on qu'à compter du milieu des hanches, à peu près, il y a dix à onze pouces juſqu'aux mamelles, dans un homme de taille moyenne, & qu'ainſi nous avons obtenu tout ce que nous demandions.

Remarque essentielle.

Il ne faut pas se piquer ici d'une précision mathématique ; la matière, que l'on emploie, pourroit s'y refuser : pourvu que, dans un pourtour ou une ceinture, large de dix pouces & quelques lignes, qui ne s'élève pas au-dessus des mamelles, on puisse placer commodément & régulièrement, au moins six livres d'un Liége, ne s'enfonçant dans l'eau que d'un quart de son volume, on atteindra le but désiré.

Mais, si, dans ce même espace, on y en mettoit sept à huit livres, sans nuire à la régularité, ni à la commodité, cela ne gâteroit rien ; excepté, peut-être, dans les eaux de la mer, où il pourroit arriver qu'avec qu'avec une pareille quantité de Liége, on n'enfonceroit pas assez, rélativement au centre de Gravité.

D'un autre côté, si le Liége, dont on feroit usage, étoit plus léger que celui de notre expérience; s'il ne s'enfonçoit dans l'eau, par éxemple, que du cinquième de son volume, au lieu du quart, que nous avons supposé, on verra que cinq livres de Liége, distribuées à notre manière, feroient plus que suffisantes, pour remplir les vues que l'on se propose ici; car, en plaçant solidement, sur cinq livres de cette espèce de Liége, vingt livres de toute autre matière (1), elles se-

(1) Voyez la première note de la page 38; & appliquez ici le même raisonnement qu'on a fait là.

roient ſoutenues à la ſurface de l'eau, & n'y couleroient point à fond. En ce cas, on pourroit faire les pièces moins épaiſſes, ce qui ſeroit plus avantageux.

Mais, au contraire, ſi le Liége s'enfonçoit, dans l'eau, du tiers de ſon volume, il en faudroit, au moins, huit livres, placées comme ci-deſſus, & ces huit livres ne pourroient ſoutenir, à la ſurface de l'eau, que ſeize livres d'une matière quelconque (1): ainſi, en diſtribuant ces huit livres, ſur le même pourtour, large de dix pouces & quelques lignes, il faudroit néceſſairement que chaque pièce de Liége devînt plus épaiſſe; ce qui donne-

(1) C'eſt toujours par le même raiſonnement qu'à la note première de la page 38.

roit plus de travail dans la conſtruction, & moins de commodité dans l'habit.

En peu de mots, le volume du Scaphandre dépendra beaucoup de ce que l'on ſe propoſera d'exécuter le plus communément par ſon moyen, comme nous l'expliquerons plus bas.

Récapitulation de l'article précédent, qui doit ſervir de modèle, pour les cas où le Liége s'enfonceroit, dans l'eau, plus ou moins que le quart de ſon volume.

Rappellons-nous bien que le Scaphandre, ou corſelet de Liége, portant ſur le haut des épaules, ne doit pas deſcendre plus bas que le milieu des hanches; que de-là, juſqu'à la hauteur des mamelles, il y a, environ, dix pouces & quelques lignes, dans un homme de taille moyenne; que dans ce court intervalle, ou dans cette largeur de dix pouces & quelques lignes, le Liége s'enfonçant dans l'eau du quart de ſon volume, il en faut, au moins, diſtribuer ſix livres, ſur un pourtour, un circuit ou une groſſeur de trente-huit pouces, indépendamment de douze pouces pour les remplis; que ces ſix livres, diviſées par quatre rangées, donnent, pour chaque rangée, une livre & demie; que chaque rangée, contenant quinze pièces, chacune de ces pièces devoit péſer, l'une portant l'autre, environ une once & cinq gros; & qu'enfin, chaque pièce étant un cube, dont le côté auroit deux pouces & demi, on parvenoit à couvrir de Liége, d'un poids déterminé, un espace, dont le circuit & la largeur étoient aussi déterminés.

En se dirigeant sur ces préceptes, plus on s'approchera de la précision, plus aussi sera parfaite la préparation des pièces de Liége, &, par une suite nécessaire, la construction du Scaphandre, que nous allons enseigner, après avoir dit un mot sur la manière d'en équilibrer les différentes pièces, avant de les mettre en œuvre.

Manière simple & très-courte d'équilibrer (1) les pièces de Liége d'un Scaphandre, avant sa construction, ou d'en faire l'assemblage.

Cette équilibration est très-nécess-

---

(1) *Equilibrer*, *équilibration* ne se trou-

ſaire, avant de placer ou de fixer les pièces de Liége ſur le gilet ou la première toile. Quoiqu'elles doivent être toutes d'un volume égal, autant qu'il aura été poſſible, leur Peſanteur ſe trouvera rarement la même, à cauſe du plus ou du moins de poroſité, qu'il pourra y avoir dans chacune d'elles. C'eſt la raiſon pourquoi dix pièces, par exemple, d'un côté, n'auront pas préciſément le même poids, que dix autres pièces, du même volume, deſtinées au côté correſpondant. Cela admet quelquefois d'aſſez grandes différences.

vent point dans les Dictionnaires. Je conſeille fort qu'on les y mette, ainſi que bien d'autres mots, dont la diſette force à la circonlocution, qui diminue la fréquence, & rallentit toujours la marche des idées.

Pour les ſauver, il faut être prévenu ou ſe rappeller, que le Scaphandre, dont nous allons enſeigner la conſtruction, ſera diviſé en quatre parties principales, ou en quatre panneaux, deux antérieurs & deux poſtérieurs, qui ſe rëüniront par des cordons, pour en former un tout, ſuſceptible d'extenſion ou de rétréciſſement (fig. 1, pl. II.).

Ainſi, le panneau antérieur gauche doit être en équilibre avec le panneau antérieur droit. Vous direz la même choſe des deux panneaux poſtérieurs. De plus, un panneau antérieur droit, rëüni au panneau poſtérieur du même côté, doit avoir le même poids que les deux panneaux gauches, pris enſemble.

On pourroit trouver cet équilibre, en mettant, l'une après l'autre, dans un baſſin de balance, une colonne d'un panneau, & dans l'autre baſſin une ſemblable colonne du panneau correſpondant; en obſerver la différence, & en tenir compte; continuer ainſi, juſqu'à la fin, d'oppoſer colonne à colonne, afin de voir en quoi diffèrent les deux ſommes, & d'en faire la compenſation.

Mais cela eſt trop long, trop minutieux, & ſans avantage. Il eſt plus court, & tout auſſi ſûr de mettre, dans un baſſin de balance, toutes les pièces de Liége, deſtinées, par éxemple, à compoſer le panneau droit antérieur, &, dans l'autre baſſin, toutes celles qui doivent former le panneau gauche auſſi antérieur, & d'en bien éxaminer la différence du poids.

Si le droit l'emporte sur le gauche, prenez, dans le droit, une pièce, qui vous paroîtra d'un Liége plus serré, & dans le gauche une pièce plus poreuse; changez-les de bassin, c'est-à-dire, mettez la plus pesante dans le bassin le plus léger, & la plus légère dans le plus pesant, il arrivera qu'après une ou deux transpositions de cette espèce, vous aurez un équilibre assez convenable. En faisant la même chose par rapport aux deux panneaux postérieurs, vous trouverez qu'en moins d'un quart d'heure, vous serez bien assuré, quant au Liége, de l'équilibre des panneaux correspondans.

Ne confondez rien, arrangez toutes vos pièces en lieu sûr, disposez vos panneaux, comme ils doivent être sur la toile, & préparez-vous à la conſtruction du Scaphandre.

CONSTRUCTION DU SCAPHANDRE.

Taillez-vous, ou faites-vous tailler un gilet de coutil, ou d'une forte toile de chanvre, également large de haut en bas, dont le circuit ou le pourtour ſoit de quatre pieds deux pouces, ou de cinquante pouces, & la hauteur de deux pieds ſeulement, ou de vingt-quatre pouces. N'en aſſemblez point les épaulettes, étendez-en bien la largeur ſur un plan quelconque, une table, le plancher d'un appartement, &c.

Sur toute cette largeur tirez une ligne AB (fig. 2, pl. I.), à trois pouces de diſtance du bord inférieur LM; à dix pouces plus loin,

& au-dessus de cette ligne, tirez-en une autre CD, parallèle & semblable à la précédente. C'est dans cet intervalle que vous placerez les pièces ou les cubes de Liége, préparés ci-dessus. Comme ils sont larges de deux pouces & demi, quatre de ces cubes, mis immédiatement à la suite & au-dessus les uns des autres, couvriront un espace de dix pouces de large.

Les entournures FGH, c'est-à-dire, les échancrures, qui vont du haut des épaules jusqu'au-dessous des aisselles, seront creusées jusqu'à cette dernière ligne, excepté environ un pouce & demi, que vous laisserez pour les remplis : ainsi, vous avez déja pris quatorze pouces & demi sur toute la hauteur du gilet, en partant de son bord inférieur. Prenez encore huit pouces, depuis la ligne CD jusqu'à la ligne KN, qui terminera toute la hauteur de l'habit : le pouce & demi restant servira aux remplis du bord supérieur.

Si vous vous déterminez à faire usage, comme je l'ai fait pour un de mes Scaphandres, de pièces de Liége cubiques, dont le côté ait deux pouces & demi, vous diviserez alors, en quatre parties, la largeur du gilet, qui contient cinquante pouces. Ces quatre parties ne peuvent être égales ; la construction n'en seroit pas commode. J'ai donc destiné trois pièces & demie de Liége, pour déterminer la largeur de chaque panneau antérieur, & quatre pièces pour chaque panneau postérieur ; ce qui fait en tout les quinze pièces, qui doivent former chaque rang du pourtour.

Mais trois pièces & demie, à deux pouces & demi la pièce, font huit pouces neuf lignes, que nous évaluerons à neuf pouces, afin de calculer rondement. Chaque panneau a deux bords latéraux ou le long de ſa hauteur ; cela éxige deux remplis, à un pouce & demi chacun ; c'eſt trois pouces, leſquels ajoutés aux neuf pouces, qui doivent être couverts de Liége, font douze pouces de large pour la toile de chaque panneau antérieur, & vingt-quatre pour les deux enſemble.

Enfin, quatre pièces de Liége, à deux pouces & demi la pièce, devant auſſi déterminer la largeur de chaque panneau poſtérieur, cela fait dix pouces pour chacun. Ajoutez-y trois pouces que prendront les remplis ; la toile de chaque panneau postérieur doit avoir treize pouces de large, & les deux ensemble vingt-six pouces : si on les joint aux vingt-quatre des deux panneaux antérieurs, pris ensemble, on retrouvera les cinquante pouces, que nous avons donnés au pourtour total ; c'est-à-dire, trente-huit, en nombres ronds, pour la partie de la largeur, qui doit être couverte de Liége, & douze pouces pour les remplis.

En pliant donc la largeur du gilet en deux, le long de la ligne PS, on portera treize pouces sur la ligne LM, de l'un & de l'autre côté du point P, & les points R, T, qui les termineront, indiqueront, avec le point P, les lignes RG, PS, TG, par lesquelles les ciseaux doivent passer, afin d'avoir la largeur du gilet, divisée comme il convient.

Prenez une de ces parties, par exemple, celle qui est destinée à former le panneau droit antérieur; tendez-la bien sur un chassis, ou sur un petit métier; autrement vous pourriez fort mal réüssir : soyez muni d'un étau, d'un villebrequin, dont la mèche, ou la partie qui perce, soit très-grêle ou très-déliée, d'un carrelet ou forte aiguille, longue d'environ quatre pouces, angulaire vers la pointe, & de ficelle aussi menue que du gros fil : tenez votre carrelet enfilé, mettez une pièce de Liége dans l'étau, percez-la de part en part avec le villebrequin, à quelques lignes de distance de deux encoignures, ou angles opposés sur une même face, comme vous le voyez (fig. 3, pl. I.); & plaçant cette pièce de Liége sur la toile du chassis, en partant de la ligne AB, (fig. 2, pl. I.) à un pouce & demi du bord latéral postérieur GT, vous ferez passer, par un des trous de cette pièce, le carrelet & le fil à travers la toile. Vous laisserez assez de ce fil, sur la face supérieure, afin d'y pouvoir faire un nœud, quand vous aurez ramené l'aiguille, par l'autre trou de la face inférieure, sur la première d'où vous êtes parti. Vous aurez soin de bien serrer & de bien assurer ce nœud, de peur que les pièces, exposées à se déranger, ne vinssent à rompre la colonne qu'elles doivent former.

Cette première pièce, une fois bien

bien aſſiſe & bien aſſurée, vous continuerez à placer les autres de même, bien ſerrées les unes au-deſſus & à côté des autres, en formant, pour ce panneau antérieur trois colonnes (1) de quatre pièce

---

(1) On appelle *rangs*, dans l'art militaire des hommes placés les uns à côté des autres, & *files*, une ſuite de ſoldats les uns derrière les autres. Si les pièces de Liége reſtoient placées horizontalement, comme elles le ſont dans les figures 2 & 7 de la planche I. Celles qui ſuivroient la direction AB formeroient des *rangs*, & ce ſeroient des *files*, ſuivant la direction PS; mais, quand le Scaphandre eſt ſur le corps, pour lequel il eſt fait, les pièces de Liége montantes, n'étant plus les unes derrière les autres, mais les unes au-deſſus des autres, comme les différentes aſſiſes d'une *colonne*, nous donnons ce dernier nom à une ſuite de Liéges, qui vont en montant.

chacune, avec une quatrième colonne, qui doit se terminer à un pouce & demi de l'autre bord latéral antérieur MBDN, & composée uniquement de quatre demi-pièces, larges de quinze lignes chacune, comme vous pouvez le voir en *xy*, (fig. 2, pl. I.)

Remarque très-utile, pour se bien assurer de la position & de la juste direction des quatre pièces d'une colonne, lorsqu'on vient à les appliquer sur la première toile.

Au lieu d'appliquer, séparément & successivement, chaque pièce d'une colonne sur la première toile, on y appliquera en même tems une colonne entière, longue de dix pouces, que l'on aura préparée, sans en ſéparer les quatre pièces qui la composent ; elles ſeront ſeulement diviſées & coupées, en préparant chaque colonne, juſqu'à la diſtance, d'environ une ligne, de la face ſur laquelle elle doit tenir à la toile ; (fig. 8, pl. I.) par ce moyen elles tiendront toutes enſemble avant qu'on les applique, & dans le tems qu'on les appliquera.

Quand la ficelle les aura bien arrêtées ſur la toile, chacune ſéparément, en faiſant plier cette colonne, les quatre pièces s'en caſſeront très-aiſément dans leurs lignes de diviſion, qui ont très-peu d'épaiſſeur, comme nous l'avons dit. Cela expédiera très-promptement l'ouvrage, & l'on ſera bien ſûr de la juſte direction de ces pièces ; puiſqu'elles ſe trouveront arrêtées ſur la toile, précisément de même qu'on les aura préparées.

Pour avoir les deux demi-colonnes, (fig. 9, pl. I.) divisées comme il convient, il n'y aura qu'à couper une colonne entière, suivant la ligne de dix pouces AB, qui en mesure la hauteur, en passant par la moitié de sa largeur CS.

Les quatre colonnes, dont chaque panneau est composé, ne vont que jusqu'à la hauteur de l'extrêmité inférieure G de l'entournure ou de l'échancrure de ce panneau. Les pièces que l'on ajoutera, pour achever de couvrir les huit pouces restans dans la partie supérieure du gilet, iront toujours en diminuant d'épaisseur par degrés, de manière à éviter les ressauts, dont l'effet peu agréable exposeroit les toiles du Scaphandre à une plus prompte usûre (fig. 4, pl. I.).

Cette diminution graduelle d'épaisseur, dans les pièces supérieures, est nécessaire, pour éviter deux grands creux ou deux espèces de hottes, qui se formeroient autour du col, si ces pièces y avoient autant de saillie que dans les parties inférieures. Les épaules & les mamelles, qui poussent toujours en dehors, compenseront cette diminution, lorsqu'on sera revêtu du Scaphandre.

Les pièces supérieures, qui diminueroient trop brusquement, ne manqueroient pas de faire une bosse à cet habit. Il est vrai que l'effet, pour l'eau, n'en seroit point altéré; mais il faut toujours éviter les formes désagréables, dont il ne résulte aucun avantage.

QUESTION.

On demandera, peut-être, à quoi servent les pièces de Liége, qui ne s'enfonceront point dans l'eau? Elles serviront à relever plus promptement le corps, lorsqu'il sera forcé d'y plonger par une force accélérée, ou par les vagues qui s'élèveront considérablement dans un gros tems; mais bien plus encore à plastronner très-avantageusement les soldats, que l'on revêtiroit de Scaphandres, pour quelqu'expédition militaire, prompte & délicate.

Première remarque.

A trois ou quatre pouces de l'extrêmité ſupérieure juſqu'au haut de l'habit, on peut faire ces pièces très-minces; afin qu'elles ne bleſſent ni les clavicules, ni les épaules. C'eſt pour cette raiſon qu'on ne garnira d'aucunes pièces de Liége toute l'étendue des épaulettes.

Seconde remarque.

On adoucira ou plutôt on arrondira les angles ou les arêtes de toutes les pièces, qui bordent les extrêmités. Ces parties, alors moins ſaillantes, & par-là moins expoſées aux frottemens, s'en uſeront auſſi beaucoup moins.

Un ſimple arrondiſſement d'arêtes ne ſuffiroit point pour les pièces, qui bordent les entournures ou les échancrures: il faut les tailler en biſeau, c'eſt-à-dire, leur donner un grand talus, pris d'auſſi loin que l'on pourra, tant aux morceaux d'au-deſſous des aiſſelles, qu'à ceux qui vont de-là juſqu'aux clavicules antérieurement, & poſtérieurement le long des épaules ou des omoplates. Sans cela, les bras, trop écartés du corps, lorſqu'on les laiſſeroit tomber naturellement le long des côtés, ou trop repouſſés, lorſqu'on les porteroit vers la poitrine ou vers l'épine du dos, éprouveroient beaucoup de gêne & même d'incommodité, dans un grand nombre de leurs mouvemens (fig. 5, pl. I.).

Troiſième remarque.

Il ſeroit encore mieux que tout le bordage FGH des entournures, qui va montant antérieurement vers les clavicules, & postérieurement le long des omoplates, fût absolument dégarni de Liége, jusqu'à la distance de deux ou trois pouces des bras; on n'y laisseroit que les toiles, uniquement pour ne pas trop dégarnir ces parties. Je m'en suis bien trouvé à un de mes anciens Scaphandres, que j'ai fait réformer, suivant cette pratique; les bras jouissant alors de toute la liberté qu'ils peuvent avoir.

De la seconde toile, qui doit recouvrir les morceaux de Liége, placés, mis en ordre, & bien arrêtés sur la première, ou sur le gilet.

Il faudra de cette toile, au moins, le triple de la première; car, au lieu d'une face, à laquelle celle-ci s'applique, la ſeconde toile doit en envelopper trois; c'eſt-à-dire, faire le contour & plonger dans toute la profondeur de chaque colonne; afin que tous les panneaux, ſéparément ou réünis par les cordons, puiſſent ſe réplier ſur eux-mêmes, comme un rouleau de papiers. Cela donne de la fléxibilité à tout l'habit, il s'accommode mieux à la rondeur ou aux infléxions du corps de l'homme, & eſt plus facile pour le tranſport.

Après avoir bien faufilé un des bords de la ſeconde toile avec ce que l'on a laiſſé de la première, pour ſervir au rempli de l'un des bords d'un panneau, on l'ôtera de deſſus le chaſſis ou le métier; &, ayant coupé d'une longueur convenable cette nouvelle toile, on l'appliquera, bien éxactement & bien uniment, ſur chacune des trois faces reſtantes de la première colonne, ſur laquelle on travaillera; de manière qu'elle ſe trouve parfaitement enveloppée, & très-étroitement ſerrée par les deux toiles.

Pour que cette enveloppe demeure bien aſſurée, on ouvrira la colonne, [fig. 6, pl. I.] (ce qu'on auroit fait difficilement ſur le métier) afin qu'entr'elle & ſa voiſine on puiſſe faire plonger, dans le bas de ſa profondeur *r s*, le carrelet & ſa ficelle, qui perceront les deux toiles, que l'on aura ſoin ici de coudre en arrière-points, aſſez éloignés; de peur qu'autrement les toiles ne ſe déchiraſſent en les ſerrant.

Lorſque toutes les colonnes d'un

panneau feront ainfi bien affurées dans leur enveloppe, on doublera le coutil, ou la toile de deffous, d'une autre toile plus légère, fi l'on veut, tant pour mettre à couvert, de ce côté là, les nœuds & la ficelle, que pour empêcher le corps d'en être incommodé. On fera enfuite les remplis; & fi l'on veut s'en tenir là, comme je le confeille fort, c'eft-à-dire, fi l'on ne fe propofe pas de donner au Scaphandre un habit plus riche que la toile écrue, qui lui fert de revêtement, on attachera les cordons, comme on le voit dans la fig. 1, pl. II, à quelque diftance des bords, afin que les quatre parties du Scaphandre puiffent mieux fe rapprocher.

On fera, fur les autres panneaux, ce que l'on vient de faire fur le premier. De l'extrêmité antérieure & inférieure de chaque panneau poſtérieur partira une courroie BL, (fig. 1, pl. II.) qui viendra s'attacher à une boucle T (1), ſur le côté

(1) Afin que la courroie coulât mieux dans la boucle, lorſqu'on viendroit à ſerrer, il ſeroit bon que la traverſe BC, (fig. 3, pl. III.) ou la partie de la boucle, ſur laquelle tire la courroie, fût bien roulante, afin de diminuer l'augmentation du frottement, qui ſurvient preſque toujours, quand les toiles & le fer viennent à ſe mouiller.

Pour éviter cet inconvénient, je me paſſerois de boucles au pantalon; en leur place, je mettrois des boutons, & ferois faire quelques boutonnières, les unes au-deſſus des aurres, à la courroie qui doit s'y attacher, afin que l'on pût ſerrer plus ou moins, ſuivant le beſoin. Alors, comme tout cet hahit n'auroit aucune partie de fer

du pantalon (fig. 1, pl. III.), dont nous parlerons bientôt, &, aux extrêmités postérieures & inférieures des mêmes panneaux, on attachera des cordons MS (fig. 1, pl. II.), qui serviront à retenir la queue ou la suspensoire (fig. 2, pl. III.), terminée par un plastron, laquelle est destinée à servir de siége, & à soutenir tout l'effort de l'habit, quand on est à flot. Sur le haut de la poitrine seront aussi deux boucles *r*, *s*, (fig. 1, pl. IV.) ou deux cordons pour le même usage; ce que nous ne manquerons pas d'expliquer, dès que nous en serons à la description de cette suspensoire.

---

plongeante dans l'eau, on n'auroit point à en craindre la rouille, qui en hâteroit la destruction.

Observation sur la grosseur du Scaphandre.

Nous ne conseillons point de faire les pièces de Liége plus épaisses que de deux pouces & demi. Un Scaphandre trop renflé deviendroit trop embarrassant ; on manœuvreroit lourdement avec un pareil habit, & en certaines circonstances, par exemple, quand on monteroit à des échelles, sur lesquelles il faudroit travailler, cela éloigneroit ou repousseroit trop le corps de l'homme, des objets ou des ouvrages qui exigeroient une grande proximité, & l'exposeroit même au renversement ou à la chûte.

Au contraire, on agira bien plus lestement avec un corselet moins épais. Pourvu que l'on n'ait pas de grands efforts à faire dans l'eau, des pièces de Liége, qui auroient seulement deux pouces de long sur deux pouces de large, avec une épaisseur de deux pouces & un quart, satisferoient pleinement aux cas les plus ordinaires de la vie, sur-tout dans les naufrages, où l'agilité devient le plus nécessaire.

Alors chaque rangée du Scaphandre contiendroit dix-neuf pièces de Liége, ou dix-huit pièces & deux demi-pièces (fig. 7, pl. I.); ce qui feroit, comme ci-dessus, trente-huit pouces de circuit, & chaque colonne, jusqu'à la hauteur du plus bas des entournures, seroit composée de cinq pièces, lesquelles couvriroient encore, comme dans le premier cas, une largeur de dix pouces.

On

On destineroit donc quatre pièces & demie pour la largeur de chaque panneau antérieur ; ce qui feroit dix-huit pouces, & cinq pièces pour celle de chaque panneau postérieur, qui feroient vingt pouces de circuit; lesquels, ajoutés aux dix-huit des panneaux antérieurs, redonneroient les trente-huit pouces, assignés au pourtour du gilet, indépendamment de douze pouces réservés pour les remplis, ainsi que dans le premier cas. Voyez cette nouvelle distribution, & le nombre des pièces jusqu'aux échancrures dans la fig. 7, pl. I.

La construction du reste est ici la même qu'auparavant; mais, comme il y a moins de Liége que dans la première supposition, le corps s'enfoncera un peu plus : car, si on en fait le calcul (1), en le comparant au précédent, on trouvera un peu plus de cinq livres & demie de Liége, pour recouvrir le même espace, que nous avons trouvé d'abord chargé d'environ six livres.

Or, cinq livres & demie de Liége, s'enfonçant, dans l'eau, du quart de son volume, n'y pourront soutenir que seize livres & demie

---

(1) En cubant les soixante pièces de Liége du premier cas, on trouvera $\frac{1875}{2}$ pouces cubes, & faisant la même opération sur les quatre-vingt-quinze pièces du second cas, on aura seulement 855 pouces cubes. Il n'y aura plus qu'à faire cette proportion ou règle de trois, si $\frac{1875}{2}$ pouces cubes pèsent six livres, une once, quatre gros, combien pèseront 855 pouces cubes, & l'on trouvera cinq livres, dix onces & un peu plus.

pèſant de toute autre matière, au lieu de dix-huit qu'elles pouvoient y ſoutenir, lorſque de plus grandes dimenſions nous permettoient d'y mettre ſix livres de cette écorce.

Seconde équilibration du Scaphandre.

Quoique nous ayons déja équilibré les panneaux de Liége, qui devoient compoſer cet habit, avant ſa conſtruction, les toiles, la ficelle, le fil & les cordons, dont ils ſont préſentement chargés, ne pèſant pas également dans toutes leurs parties, il en faudra revenir à une dernière équilibration des quatre panneaux, qui en feront l'aſſemblage, quand il ſera entièrement fini.

On mettra donc, comme ci-devant, les deux panneaux antérieurs, chacun dans un baſſin de balance, & l'on obſervera de combien l'un pèſe plus que l'autre. On fera la même choſe par rapport aux deux panneaux poſtérieurs. Enfin, on mettra les deux panneaux gauches, pris enſemble, dans un même baſſin, & dans l'autre les deux panneaux droits, auſſi réünis : ſi l'on trouve, par éxemple, que le droit pèſe une once ou deux plus que le gauche, on introduira, entre les toiles du plus léger, une lame de plomb, pèſant une once ou deux, & l'équilibre ſe trouvera rétabli.

Manière ſimple & commode d'augmenter la force d'un Scaphandre.

Comme cela n'aura lieu que par occaſion, on en fera une partie amovible ou additionnelle, que l'on pourra mettre ou ôter à volonté. On la diviſera, comme le Scaphandre, en quatre pièces; on lui donnera le même circuit ou pourtour; mais ſa largeur n'aura que huit à neuf pouces; de manière qu'étant conſtruite & appliquée à l'uſage, elle reſſemblera à une eſpèce de Pagne, qui pendra depuis l'extrêmité inférieure du Scaphandre juſques vers le milieu des cuiſſes. Voyez une partie antérieure de ce pagne. (fig. 5, pl. III.)

On couvrira donc ce Pagne de deux rangées ſeulement de Liége, dont la première commencera à un pouce & demi de diſtance de ſon bord ſupérieur, qui s'attachera au Scaphandre. Si les pièces de Liége ſont larges de deux pouces & demi, comme dans le premier cas de notre construction, elles rempliront un espace, large de cinq pouces, lesquels ajoutés à une longueur d'un pouce & demi pour le rempli d'en haut, feront six pouces & demi; ainsi, il ne restera que quelques pouces pour le rempli d'en bas, & tout le reste se bâtira ou se construira, précisément de même qu'on l'a fait pour le Scaphandre.

Quand on voudra faire usage de ce Pagne, dans les cas où l'on auroit des poids extraordinaires à soutenir, on l'attachera, avec des cordons, au bord inférieur & antérieur de notre corselet; &, comme ces cordons feront la fonction d'une espèce de charnière, dès que l'on sera à flot, cette partie additionnelle se repliera ou se couchera sur la partie inférieure & extérieure de l'habit, dont elle n'occupera que cinq pouces, & augmentera sa force de moitié; démonstration trop aisée à comprendre (1), pour que je sois obligé d'en faire les frais.

---

(1) Il y a des gens si dénués de tout, qu'ils ont besoin qu'on fasse pour eux les frais des moindres dépenses. Les deux rangs de Liége, placés sur ce Pagne, en nous en tenant toujours aux suppositions du premier cas, pèsent au moins trois livres, & peuvent soutenir, à la surface des eaux, neuf livres d'une matière quelconque : or, neuf sont la moitié de dix-huit, que le Scaphandre pouvoit porter avant l'addition du pagne.

Remarque utile ſur les toiles du Scaphandre.

Les toiles écrues ſe retirent conſidérablement à l'eau, la première fois qu'on les y met; c'eſt-à-dire, qu'elles s'y raccourciſſent ou s'y rétréciſſent. On pourroit croire que c'eſt une raiſon pour ne les pas mouiller ici, avant de les mettre en œuvre : cet effet contribueroit, ſans doute, ſingulièrement à bien ſerrer, les unes contre les autres, toutes les parties des colonnes, & à donner beaucoup de fermeté à tout l'aſſemblage de ce corſelet.

Il ne faudroit pas craindre qu'elles ſe fendiſſent ou qu'elles ſe crevaſſent, à force de ſe reſſerrer contre la matière qu'elles envelopperoient, ainſi que cela arrive quelquefois ; le Liége étant ſuſceptible de compreſſion en tout ſens, obéiroit mollement à celle des toiles, & ne donneroit lieu qu'à l'union plus parfaite de ces matières.

Cependant, ce reſſerrement des toiles pouvant rendre les colonnes du Scaphandre roides comme des bâtons, & les empêcher d'obéir aux différentes infléxions du corps, je conſeille fort de mouiller toutes les toiles, avant de les employer. Quand elles viennent à s'avachir, comme s'expriment les ouvriers, c'eſt-à-dire, à devenir un peu plus lâches, j'ai conſtamment éprouvé que l'uſage du Scaphandre en devenoit auſſi plus commode.

Pour les toiles neuves ou écrues, qui ſerviront à la conſtruction de la

Queue ou de la Suſpenſoire, terminée par un Plaſtron, il faudra abſolument les mettre à l'eau, avant de les y employer; autrement, il en pourroit réſulter des inconvéniens aſſez graves, ainſi que nous allons l'expliquer.

De la conſtruction & des dimenſions de la Queue ou de la Suſpenſoire, terminée par un Plaſtron. (fig. 2, pl. III.)

Voilà tout le ſoutien de l'édifice dans l'eau. C'eſt une cinquième pièce du Scaphandre, qui s'y attache, par des cordons, vers le milieu de ſa partie poſtérieure & inférieure; elle ſe paſſe entre les jambes, & ſe retrouſſe, pour venir s'appliquer ſur la poitrine, en forme de Plaſtron:

elle y eſt retenue par des cordons ou des boucles *r*, *s*, placés ſur le haut de la poitrine, de l'un & de l'autre côté, vers les épaules, (fig. 1, pl. IV.)

Moyennant ce ſimple artifice, quand on vient à flot, le Scaphandre, porté vers la ſurface de l'eau, eſt retenu ferme ſur le corps, ſans cauſer le moindre embarras aux cuiſſes, aux aiſſelles, ni à la gorge. Il lui eſt impoſſible de remonter, quand, en s'habillant, on a eu ſoin de lui faire bien preſſer le ſiége, ou plutôt les feſſes; de manière que, ſuſpendu bien droit au milieu des eaux, on y eſt pourtant très-véritablement aſſis ſur la Suſpenſoire, qui tire de bas en haut.

On donnera à cette pièce un pied & demi ou dix-huit pouces pour toute ſa longueur AC, ſix à ſept pouces de large à la partie AS, qui paſſe entre les cuiſſes, & ſur laquelle on eſt aſſis, ſuſpendu dans l'eau; après quoi elle ira, en s'élargiſſant, juſqu'au Plaſtron CL, qui aura douze à treize pouces dans ſa longueur CD, & onze à douze pour ſa largeur DL.

Ce Plaſtron eſt garni de petits morceaux de Liége, taillés & placés régulièrement, comme dans le Scaphandre. Les eſpèces de rainures, formées naturellement entre les colonnes, doivent être verticales; c'eſt-à-dire, que les colonnes doivent s'ouvrir ſuivant la longueur du Plaſtron, afin de mieux s'appliquer à la courbure de la poitrine.

Pourvu que les morceaux de Liége aient ici un pouce d'épais, cela ſuffira ; autrement la faillie de la poitrine, devenant trop confidérable, nuiroit à la facilité des manœuvres.

Toute la portion de la Sufpenfoire, faite pour paffer entre les cuiffes, ou pofer fur les feffes, jufqu'au Plaftron exclufivement, doit être bien ouatée, c'eft-à-dire, qu'entre les deux premières toiles de cette pièce, il faut mettre, dans tout l'efpace que nous venons de dire, une affez grande quantité de coton, plus fin & plus foyeux que le coton ordinaire : on s'expoferoit, fans cette précaution, à bleffer des parties très-délicates, que l'on a le plus grand intérêt de défendre & de conferver. Cette ouate fera bien piquée, de peur qu'elle ne fe mette en pelotons.

C'eft la même raifon qui nous a

déterminés à conseiller de mettre à l'eau les toiles de cette pièce, avant de les y employer. L'accourcissement ou le rétrécissement, auxquels sont sujettes les toiles écrues, dans un premier lavage, les fait fripper, ou leur occasionne des rides, des plis, des tortillemens, dont l'incommodité n'est pas moins à craindre que le défaut d'ouate.

Après avoir doublé cette pièce d'une troisième toile, comme on a fait au Scaphandre, on mettra, vers chacune de ses extrêmités, deux cordons, assez étendus pour l'allonger ou l'accourcir suivant les différentes tailles, auxquelles il faudra l'accommoder.

Remarque, qui peut avoir ſon utilité.

Les Scaphandres, qu'on deſtineroit aux Soldats, doivent avoir leur plaſtron d'une ſeule pièce de Liége, courbée au feu, pour mieux s'ajuſter ſur la poitrine; il peut être plus épais, & monter plus haut qu'à l'ordinaire, avec une échancrure vers les clavicules, en forme de hauſſe-col: cela ſeroit très-bon, pour parer les coups de fuſil & de ſabre, qui portent ordinairement vers la poitrine & le col.

Les Ingénieurs, qui iroient reconnoître des places de guerre, dont les foſſés ſeroient pleins d'eau, où il faudroit qu'ils entraſſent, pour mieux faire leurs obſervations, ajouteroient, au Scaphandre du Soldat, un bonnet ou un casque de Liége, dans lequel la tête s'enfonceroit jusqu'aux sourcils, revêtu de fer blanc, si cela étoit nécessaire, & dont la partie supérieure, ouverte, auroit un fond, pour contenir & y serrer ce qu'ils croiroient nécessaire à leurs différentes opérations. Par ce moyen, leur poitrine & leur tête seroient, presque par-tout, à couvert des coups de fusil, auxquels ils pourroient être exposés; car on ne tire guère du canon pour un homme seul.

Pour bien assurer le Scaphandre sur le corps, nous venons de dire qu'en faisant usage de la Suspensoire, il falloit qu'elle pressât fortement le siége, de peur qu'en permettant à ce corselet de trop remonter vers

les

les aiſſelles & le cou, il ne gênât auſſi trop & les bras & la gorge.

Mais ce précepte doit être un peu modifié ; c'eſt-à-dire, que cette pièce doit être tenue un peu lâche, lorſqu'on ſe propoſera de marcher, à flot, moyennant le pantalon à étriers, dont nous allons parler.

Deſcription du Pantalon à étriers, avec lequel on peut marcher, à flot, très-avantageuſement, dans les eaux les plus profondes, & même les plus rapides.

Ce Pantalon eſt une grande culotte (fig. 1, pl. III.), qui deſcend depuis la ceinture juſqu'aux pieds : elle ſe termine en bas, de chaque côté, par un étrier B C D, fixe par un bout, & libre dans tout le reſte, pour s'accommoder à toutes les grandeurs. Quand on veut s'en servir, on le passe sous la semelle des souliers, près du talon, & on l'attache aux boutons *s*, *x*, *y*, placés vers l'extrêmité inférieure externe de la jambe, où le Pantalon est fendu, comme le bas des culottes ordinaires. L'extrêmité libre de cet étrier est terminée par un cordon LM, que l'on peut nouer, en rosette, avec un autre RP, placé au-dessous de la boucle, dans laquelle s'engage le bout de la courroie, dont on se sert, pour attacher bien ferme le Pantalon au Scaphandre, quand il est question de marcher, à flot, dans les eaux où l'on manœuvre; ainsi qu'on le verra plus bas, à l'endroit où l'on explique *comment on peut marcher, &c.*

Cette culotte doit être faite d'une toile assez forte, pour résister aux tiraillemens, auxquels elle sera exposée dans l'usage, & assez large d'en bas, afin que le pied puisse y passer & y repasser avec liberté : on n'y mettra pourtant que la largeur nécessaire, de peur que l'étoffe, en présentant à l'eau trop de surface, ne causât aussi une trop grande résistance dans le marcher.

On ne manquera pas, non plus, si la toile en est neuve ou écrue, de la faire bien tremper dans l'eau, avant de l'employer; autrement, il y auroit du mécompte, à cause du retirement, auquel elle est sujette en cet état.

Pour peu qu'on ait besoin d'armes à feu, en manœuvrant, à flot, avec un Scaphandre, il faut les recharger; un coup de fusil ou de pistolet est bientôt tiré. Si les munitions ne sont pas conservées bien sèches; on ne remplira point ses vues : une sebile ou une petite nacelle, bien lestée, ne seroit bonne que dans un tems calme. En plaçant, sur la tête, le dépôt des provisions de bouche ou de guerre, elles sont hors des atteintes de l'eau, & ne peuvent être avariées. Nous avons donc choisi, pour cela, le moyen que nous offroit un bonnet ou un casque.

Description d'un Bonnet, pour servir de dépôt aux munitions de toute espèce.

La construction en est fort simple. Le corps ou la partie, dans laquelle la tête s'enfonce, reſſemble à un Bonnet quarré, où deux pans oppoſés ſont rompus, du haut en bas, dans leur milieu, afin de pouvoir le plier en porte-feuille, pour la commodité du tranſport. La partie ſupérieure ſe termine en *bourſe à jetons*; elle s'ouvre & ſe ferme de même. Voyez les bonnets M, T, des fig. 1 & 2 de la pl. IV.

Dans le fond de cette bourſe, qui n'eſt qu'en toile, on introduit, pour l'uſage, un carton circulaire, afin de mieux tenir le bonnet ouvert, & de donner aux munitions que l'on y ſerre, une baſe qui les ſoutienne, en même tems qu'elle défend la tête. On ôte le carton circulaire, après avoir fait uſage du Bonnet; j'en ai toujours fait conſtruire le corps avec du carton fort

léger, revêtu d'une étoffe & doublé d'une toile noires. Enfin, vers le bas du Bonnet, du côté des oreilles, sont deux cordons, que l'on peut passer autour du col, & nouer sous le menton, pour bien assurer les munitions sur la tête, & en mieux prévenir le renversement (pl. IV, fig. 1 & 2.).

Des Nageoires.

J'avois encore eu l'idée, & j'ai fait usage, assez long-tems, de Nageoires, en forme de Pattes d'oie, pour aider la progression, à flot; mais je ne m'en sers plus, depuis que j'ai imaginé le moyen d'y marcher: d'ailleurs s'en défaire & s'essuyer étoient un travail & du tems perdus, lorsque l'on avoit à faire des manœuvres, que l'on craignoit d'avarier.

Au reste, ces Pattes d'oie consistoient uniquement en une paire de gants de fil. Après les avoir gantés, bien étendu la main, & écarté les doigts, autant qu'il étoit possible, je les avois fait couvrir d'étoffe, en dessus & en dessous, jusqu'aux poignets : le contour de cette toile avoit été taillé sur celui des extrêmités ou des bords les plus externes de la main & des doigts; le tout retenu, assemblé & cousu, suivant l'art. Voyez fig. 4, pl. III.

Par ce moyen, la toile remplissoit les intervalles entre les doigts, & faisoit la fonction des membranes, placées, par la nature, entre les côtes, les nervures ou les doigts, que l'on voit aux Pattes des oiseaux aquatiques. On ſçait que ces membranes s'étendent, & forment une eſpèce de voile bien déployée, quand ces animaux refoulent l'eau, pour ſe porter en avant, & qu'elles ſe pliſſent, dans le tems même du tranſport; afin d'oppoſer moins de réſiſtance à la réaction de l'eau qui les pouſſe; méchaniſme que je retrouvois dans mes Nageoires, pour la conſtruction deſquelles je n'avois eu d'autre maître, que Dieu ou la nature, l'ouvrage de ſes mains (1).

(1) Je conſeille fort à ceux qui veulent s'appliquer aux Méchaniques, inventer & conſtruire des machines, d'étudier ſingulièrement l'Horlogerie, &, par-deſſus tout, l'Anatomie de toute eſpèce. Ils y trouveront des modèles en tout genre, qui abrégeront merveilleuſement la marche ſi lente de l'invention humaine.

Essai du Scaphandre, ou manière d'essayer un Scaphandre, la première fois que l'on veut en faire usage.

Cela ne doit point se faire, ou cela se feroit assez mal par ceux qui sçavent nager; ils ne le regarderoient que comme un obstacle à la liberté de leurs mouvemens : ne se proposant, quand ils se mettent à la nage, d'autre but que de s'amuser, la nudité, qui les débarrasse de tous les liens, leur est bien plus favorable pour cet éxercice ou cette espèce de jeu.

D'un autre côté, quand on sçait nager, on est toujours tenté de faire usage de cet art, pour se soutenir à flot, & l'on pourroit mettre, sur lè compte de son industrie, ce qui doit être uniquement le produit du Scaphandre.

Nous nous sommes proposé d'autres vues, bien plus solides & plus sérieuses qu'un simple éxercice. Cela n'y est entré, pour ainsi dire, qu'accidentellement; en y ajoutant néanmoins l'inestimable avantage d'en avoir tout le plaisir, sans aucune crainte de ses inconvéniens, que l'on ne peut pas dire être assez rares, pour que l'on ne doive y avoir aucun égard; puisque l'expérience démontre, tous les ans, à Paris, qu'il y a plusieurs douzaines de jeunes gens, bons nageurs, qui perdent la vie à ce jeu.

Mais tous les usages de ce corselet seront détaillés dans un chapitre particulier. Il nous suffira de montrer ici comment un homme, qui ne sçait point du tout nager, & même qui auroit peur de l'eau, peut, en toute sûreté, s'y mettre à flot, la première fois qu'il y entrera, revêtu du Scaphandre.

Il ne faut pas perdre de vue, que la vraie position, dans l'eau, à laquelle j'ai tendu, est la verticale; c'est-à-dire, qu'étant à flot, plongé jusques vers la région des mamelles, on doit être parfaitement debout, & par conséquent dans une attitude, qui a le triple avantage d'éloigner considérablement, de la surface de l'eau, les organes externes de la respiration, de permettre aux bras l'exécution facile de toutes sortes de manoeuvres, & d'avoir ou de conserver, à la nage, la même disposition qu'en marchant sur la terre.

Cela bien considéré, il faudra préalablement se pourvoir d'un petit habit de bain, composé d'une veste ou d'un gilet, d'un caleçon ou d'une petite culotte légère, à laquelle tiendront des bas de fil, pour se passer de jarretières, qui gêneroient les mouvemens des cuisses ou des jambes, & enfin de souliers à talon, avec des cordons au lieu de boucles; le cuir, s'avachissant dans l'eau, feroit infailliblement quitter prise aux ardillons, & exposeroit le nageur à la perte de ses souliers comme de ses boucles. Quand nous en serons à l'art de marcher, à flot, dans les eaux les plus profondes, on verra la nécessité des talons.

En laissant là, pour cette première épreuve, le pantalon à étriers mobiles, [qui n'est bon que pour marcher, si l'on veut, quand on est à flot (1)], on endossera simplement le Scaphandre, ayant soin de le mettre bien exactement autant d'un côté que de l'autre : on en nouera les cordons du devant, pour l'assurer; puis, passant entre ses jambes & ses cuisses la queue ou la suspensoire pendante CD, (fig. 1, pl. IV.) & la retroussant tout-à-fait, on l'appliquera sur la poitrine comme un Plastron, pour l'y bien assujettir, au moyen des boucles *r*, *s*, ou des cordons, que l'on voit attachés sur le haut de la partie antérieure du Scaphandre, vers les épaules; de manière que l'on sente ses fesses bien pressées de bas en haut.

---

(1) On peut aussi y marcher sans pantalon; mais moins commodément, c'est-à-dire, plus laborieusement & moins vîte.

Moyennant cette ſimple diſpoſition, qui ne dure pas une minute, on eſt en état de ſe mettre à l'eau. Tout le reſte de l'appareil n'eſt bon que pour y marcher, ou pour y faire des manœuvres recherchées, comme nous l'avons dit ci-deſſus.

Avec l'accoutrement, dont je viens de parler, il ſeroit mieux de commencer l'eſſai dans une eau dormante, comme un étang; mais, ſi c'eſt dans une rivière, ou dans un petit coin de mer, à flux & à reflux, & que l'on n'ait pas une entière confiance en cet habit, on ſe pourvoira d'un Batelet & d'un Batelier, qui ſe tiendront quelques toiſes au-deſſous de l'eſſayeur, que je ſuppoſe abſolument ne pas ſçavoir nager. La précaution de ſe pourvoir d'un Batelet eſt pourtant aſſez inutile, ſi ce n'eſt pour raſſurer un peu l'imagination.

L'eſſayeur partira donc de la rive ou du rivage, où il aura choiſi un endroit, guéable dans l'eſpace de quelques toiſes; &, lorſqu'il ſe ſentira près d'être à flot, en AB, il pliera les jambes, comme on le voit en expérience dans la fig. 2, pl. IV; alors ſon corps, deſcendant ſur le champ & plongeant juſqu'en CD, il ſe trouvera à flot, bien droit (cet habit devant donner, par ſa conſtruction, un parfait équilibre), & tout prêt à reprendre terre, à volonté; puiſque j'ai ſuppoſé qu'il ne l'avoit perdue qu'en pliant les jambes. En répétant cette petite manœuvre, pendant quelques minutes, il ſe trouvera aguerri en moins d'un quart d'heure; mais beaucoup plus commodément & plus sûrement dans une eau tranquille, comme dans un grand bassin d'eau, une mare, ou un étang assez profonds. Quatre à cinq pieds de profondeur suffiroient.

C'est ainsi que je me suis comporté moi-même, qui ne sçais pas plus nager qu'un boulet de canon, &, dès la première fois, je traversai la Seine, au-dessus & tout proche de Paris, dans un espace assez considérable. Il faut sur-tout que l'essayeur ne perde pas la tête, & n'aille pas déranger l'effet du Scaphandre par ses inquiétudes.

Quand il se sentira bien assuré, à flot, dans la position verticale, que le Scaphandre doit donner parfaitement; alors, par un simple élans, imprimé à son corps sur son axe, il tournera,

tournera, à volonté, à droite ou à gauche, tout autour de lui-même, ſans aucune action des pieds, ni des mains.

Ce premier mouvement de la volonté, lui donnant quelqu'aſſurance, il pourra ſe mettre ſur le dos, où l'habit tend à le porter de lui-même, comme on l'expliquera plus bas, & s'étendant parfaitement ſur la ſurface des eaux, de manière que l'on puiſſe voir la pointe de ſes ſouliers, il croiſera les bras ſur la poitrine, & reſtera comme immobile dans une eau dormante, ou ſe laiſſera aller au courant, ſi c'eſt une rivière ou une mer à flux & à reflux.

Par la poſition verticale, l'eſſayeur a pu juger, étant à flot, s'il étoit plus porté en avant qu'en arrière, & plus à droite qu'à gauche; dans celle-ci, où il est bien étendu sur le dos, il éxaminera, si, en langage de marine, il ne tend pas à rouler, c'est-à-dire, s'il ne panche pas, tantôt d'un côté & tantôt de l'autre; car toutes ces observations concourent à faire bien juger du bon ou du mauvais équilibre de ce corselet.

De la position sur le dos, pour revenir à la verticale, il relèvera, par la simple action de sa volonté, la partie supérieure de son corps sur l'inférieure, en lui faisant faire un pli vers la région du bassin ou des hanches; alors l'inférieure, devenue la plus pesante, par la construction de cet habit, comme on l'a dit tant de fois, se portera d'elle-même vers le fond, & remettra le corps debout ou perpendiculaire à l'eau, à la manière des ſyrênes de la Fable.

Remarquez qu'indépendamment d'autres inconvéniens, dont j'ai parlé, ſi le Scaphandre deſcendoit plus bas que vers le milieu des hanches, la partie ſupérieure du corps ne pourroit ſe replier ainſi ſur l'inférieure; l'articulation du fémur avec le baſſin (laquelle ſeule donne lieu à ce pli) ſe trouvant alors comme engaînée dans la partie inférieure du Scaphandre, auroit par-là tout ſon mouvement intercepté, & ne laiſſeroit d'autre reſſource à l'eſſayeur que de ſe retourner ſur le ventre, pour ramener ſous lui les jambes & les cuiſſes, leſquelles, ſervant de Leſt à toute la machine, tendent conſtamment à lui donner une poſition perpendiculaire à l'eau.

La confiance s'établiſſant de plus en plus, l'eſſayeur étendant les mains, ſerrera bien les doigts les uns contre les autres, &, fendant l'eau de leur tranchant, il la refoulera avec les deux Paumes; ce qui le fera avancer tout debout, de même que les nageurs ordinaires avancent ſur le ventre : il peut même aider un peu à ſa progreſſion, en y ajoutant les mouvemens du marcher (1).

(1) Sans chauſſer le pantalon à étriers, dont on va parler, il n'eſt pas impoſſible de marcher un peu (à la vérité très-lentement & avec beaucoup de peine), lorſque tout debout on eſt à flot; car, quoique l'eau fuye ſous les pieds, qui la foulent bruſquement, elle leur oppoſe pourtant quelque réſiſtance, lorſqu'ils la frappent plus vîte qu'elle ne fuit, & leur fournit

L'ART DE MARCHER, A FLOT, tout debout, au milieu des eaux les plus profondes, le corps plongé jusque vers la région des mamelles.

Lorſque l'Académie des Sciences me fit l'honneur, en 1765, d'approuver la conſtruction & les effets de mon Scaphandre, Meſſieurs de Mairan & Nolet, Commiſſaires nommés pour lui en faire le rapport, n'y firent point mention de l'*art de marcher, tout debout, à la nage*, que j'eus le bonheur de trouver plus de quatre ans après.

par conſéquent un point d'appui très-léger, ou plutôt très-fugitif, dont l'effet eſt un peu augmenté, par la réaction des eaux poſtérieures, contre les cuiſſes & les jambes, qui ſe débandent ſur elles.

Ils virent bien qu'en me tenant à flot, tout le corps perpendiculairement à l'eau, dont les bras étoient parfaitement dégagés, je pouvois y éxécuter facilement un grand nombre de manœuvres, & qu'au moyen de Nageoires, en forme de Pattes d'oie, la progreſſion s'y faiſoit aſſez commodément ; mais, quand les mains & les bras étoient occupés par des ſubſtances, qu'il falloit tenir ſèches, il n'y avoit preſque plus moyen d'avancer ; je reſtois flottant au-deſſus des eaux, comme un bouchon de Liége.

Il eſt vrai qu'en frappant l'eau, avec les pieds, plus vîte qu'elle ne pouvoit fuir, & donnant à mon corps un élans, en vertu de ma volonté, je faiſois quelques progrès en avant ; mais il étoit fort lent &

très-fatiguant : car, outre que l'eau fuyoit fort vîte ſous les plantes des pieds, le corps en étoit fortement repouſſé ; plongé juſqu'aux mamelles, il lui offroit un volume beaucoup plus conſidérable, moins liſſe ou moins uni, que les nageurs ordinaires, dont le corps eſt abſolument nud, & que, d'un autre côté, les pieds ne lui préſentoient pas le tranchant de leurs plantes, comme font les mains, lorſqu'après l'avoir refoulée avec les paumes, il s'agit, pour avancer, d'oppoſer moins d'obſtacle en avant qu'en arrière.

Mon état devenoit donc aſſez embarraſſant, lorſque je me trouvois, à flot, au milieu d'une rivière, les mains chargées de manœuvres, que j'avois intérêt de tenir ſèches.

Si, au lieu de ſentir l'eau fuir

ſous mes pieds, j'y avois trouvé des points fixes ou ſolides, je me ſerois appuyé deſſus, pour m'élancer en avant, comme dans le marcher ſur la terre : or, c'eſt une recherche, à laquelle je m'appliquai très-ſérieuſement. Après bien des fauſſes tentatives, il me tomba dans l'eſprit le moyen que je vais décrire; moyen, dont la ſimplicité & le ſuccès m'ont diſpenſé d'en chercher d'autres.

Le Scaphandre eſt retenu, ferme ſur le corps, par une longue & large Suſpenſoire ACD (fig. 2, pl. III.), laquelle, pendante de l'extrêmité poſtérieure de ce corſelet, comme on le voit en CD (fig. 1, pl. IV.), ſe paſſe entre les cuiſſes, pour venir s'appliquer, en forme de plaſtron, ſur toute la poitrine, où elle s'attache, moyennant des cordons ou des boucles ; de manière que le siége ou la partie inférieure du bassin en soit fortement pressée.

Quand on vient à flot, dans cette disposition de l'habit, il est repoussé, par l'eau, vers les parties supérieures ; cette action se porte principalement, & se fait très-bien sentir au siége, portant lui-même sur la Suspensoire, qui empêche ce corselet de remonter vers les bras ; &, quoique l'on paroisse, & que l'on soit effectivement debout, flottant au milieu des eaux, on y est réellement assis ; c'est-à-dire, que l'on y sent la même pression qu'étant assis sur un siége.

Lorsqu'on est ainsi à flot, les points d'appui sont donc principalement sur les os Ischion & Pubis, ou plus immédiatement ſur les muſcles qui les recouvrent. Alors, ſi le Baſſin, dont ils ſont partie, pouvoit faire la fonction des pieds, des jambes & des cuiſſes, l'homme, tenu debout, à flot, par le Scaphandre, y marcheroit ſans autre appareil, puiſqu'il y trouveroit des points fixes, ſur leſquels il s'appuieroit, pour ſe porter en avant, par l'action de ſa volonté; mais, la conformation du baſſin ne le permettant pas, on ne peut, à cet égard, que s'y remuer, comme un cul de jatte, ſans mains, dont les effets, pour la progreſſion, ſont très-pénibles & très-peu de choſe.

Par conſéquent, ſi le Scaphandre, repouſſé par l'eau, au lieu de porter ſon action, moyennant la Suſpenſoire, ſur les os iſchion & pubis, ou ſur les feſſes, la portoit ſur les plantes des pieds, ils trouveroient, dans l'eau, des points d'appui fixes, dont ils ſe ſerviroient pour y marcher, comme en terre ferme.

Pour faire paſſer des os iſchion & pubis, aux plantes des pieds, l'action de l'eau, qui repouſſe, vers ſa ſurface, le Scaphandre à flot, je me fis faire un Pantalon (fig. 1, pl. III.), c'eſt-à-dire, une culotte ou un caleçon tout d'une pièce avec les bas, terminé par un étrier, comme la partie d'une guètre, qui s'engage ſous la ſemelle des ſouliers; excepté que, dans ce cas-ci, l'étrier n'eſt fixe que d'un côté, pour venir s'attacher à des boutons de l'autre; afin de convenir à toutes ſortes de grandeurs, ou que l'on puiſſe, ſelon le beſoin, l'allonger ou le raccourcir.

Sur la partie latérale externe, qui recouvre la cuisse, est attachée, de chaque côté, une boucle T, dans laquelle vient s'engager, pour l'usage, une Attache, qui pend latéralement de l'extrêmité inférieure du Scaphandre.

Quand on se propose de marcher à flot, on commence par chausser cette espèce de caleçon, ensuite des souliers, avec des cordons au lieu de boucles, & sous les semelles, près du talon, on passe les étriers, lesquels, par ce moyen, ne peuvent échapper, & que l'on assure bien, d'un autre côté, moyennant des boutons & des cordons.

Dès que cet arrangement est fini, on endosse le Scaphandre, & on en noue les cordons antérieurs; après quoi la longue & large Suspensoire, dont je viens de parler, ſe paſſe entre les cuiſſes, & ſe retrouſſe, pour venir s'attacher ſur la poitrine, ainſi que je l'ai dit; de façon pourtant qu'en ce cas-ci, elle y tienne d'une manière lâche, ou tellement que le ſiége n'en ſoit point preſſé; afin que le Scaphandre, dont les entournures ſont fort échancrées, puiſſe avoir, à flot, un petit mouvement d'ondulation, de bas en haut & de haut en bas.

Lorſqu'on ſera près de ſe porter à l'eau, on paſſera les Attaches inférieures latérales du Scaphandre dans les boucles du pantalon, & on les y arrêtera d'abord d'une manière aſſez lâche, afin de pouvoir marcher commodément, avant d'être à flot.

En cet état, au moment qu'étant

entré dans l'eau, le Scaphandre commencera à se soulever, ou à être porté vers les parties supérieures, sans que l'essayeur perde terre (ce qui peut arriver, à cause de la profondeur des échancrures ou des entournures de cet habit, & qu'il n'est plus retenu ferme par la Suspensoire); les attaches latérales des extrêmités inférieures du corselet seront tirées fortement & également sur les boucles du pantalon; jusqu'à ce que les étriers, serrant de fort près les plantes des pieds, mettent les deux jambes dans une fléxion commencée; ce qui est nécessaire; afin qu'en étendant les jambes par la volonté, le Scaphandre puisse faire un nouvel effort contre l'eau, dont il soit renvoyé avec avantage. Alors, sitôt que l'on sera à flot, le

Scaphandre, repoussé par l'eau vers les parties supérieures, ne pressera plus le siége ou les fesses, comme ci-devant ; il tirera uniquement sur le pantalon, & le pantalon sur les étriers, qui agiront contre les plantes des pieds, auxquels ils donneront des points fixes : pressant donc, avec l'un d'eux, sur l'étrier correspondant, cette nouvelle action de la volonté fera enfoncer le corselet un peu plus, ou, au moins, tendra à l'enfoncer, & cela doit être ; puisque nous lui avons permis un petit mouvement alternatif de bas en haut & de haut en bas ; mais l'eau résistera à l'immersion de cet habit, plus léger qu'elle, par la supposition : ce pied trouvera donc une très-forte résistance, sur laquelle il s'appuiera, pour permettre au corps de s'élancer en avant, par l'action de la volonté, & pour faire, avec l'autre pied, ce qu'il vient d'éxécuter, comme dans le marcher ordinaire ſur la terre ferme.

Que l'on répète alternativement cette petite manœuvre, & l'on verra que l'on marchera, à flot, dans les eaux les plus profondes, à peu près, comme ſur un plan ſolide; avec cette différence néanmoins que l'eau, réſiſtant à ſa diviſion, environ huit cents fois plus que l'air, la progreſſion, à flot, ſera beaucoup plus laborieuſe & beaucoup plus lente: mais l'art de marcher eſt parfaitement le même, dans l'un & l'autre cas.

Récapitulation.

En peu de mots, regardons l'étrier, où le pied s'engage, comme attaché

attaché à une corde qui tient au Scaphandre ; le pied appuie ſur l'étrier, l'étrier tire la corde, la corde tire le Scaphandre, le Scaphandre eſt immédiatement repouſſé par l'eau, qui ne peut fuir ſous lui; donc le pied en eſt auſſi repouſſé : puis donc qu'il trouve, au ſein des eaux, une eſpèce de point fixe perpétuel, il peut s'en ſervir pour marcher, comme il fait ſur la terre. C. Q. F. T. & D.

Remarque.

Obſervons bien que l'appareil du Pantalon, pour marcher à flot, ſeroit fort préjudiciable dans un danger preſſant, où l'on ſeroit menacé d'un naufrage ; cela demanderoit trop de tems pour l'ajuſter. Il faut, en pareil cas, la plus grande expédition, & ſe borner au Scaphandre, que l'on peut endosser, & assurer sur son corps, avec la suspensoire, en une demi-minute. On se servira alors des paumes des mains, pour avancer, comme font les nageurs ordinaires. On pourra aider un peu cette action des mains par le marcher naturel, dont on obtiendra l'effet, en foulant l'eau plus vîte qu'elle ne pourra fuir. Quant aux momens plus tranquilles, où l'on a le tems à soi, l'usage du Pantalon, pour marcher à flot, est fort agréable, & même très-utile, dans je ne sçais combien de circonstances, où les mains occupées ne peuvent servir à la progression.

Un moyen pourtant de n'être jamais surpris, dans un vaisseau, sans le Pantalon à étriers, seroit de l'avoir toujours sur soi, en tout tems, comme on y a de grandes & larges culottes.

Pourquoi la partie antérieure du Scaphandre est plus garnie de Liége que la postérieure.

Indépendamment de la construction interne (1) du corps de l'homme,

---

(1) Si on divisoit en deux parties égales l'épaisseur des animaux, par un plan passant de la tête à la queue, on verroit que la partie postérieure de leur corps est, ainsi que dans l'homme, beaucoup plus pesante que l'antérieure, & qu'ainsi, sans l'intervention de la volonté, tous les animaux nageants seroient portés sur le dos. La raison s'en tire de l'épine ou de la colonne vertébrale, & des côtes, qui sont bien plus postérieurement qu'antérieurement. Or, ces parties osseuses sont beaucoup plus pesantes que les antérieures, où il y a plus

ſa partie antérieure étant plus ronde que la poſtérieure, a auſſi plus de ſurface; elle eſt donc plus garnie de Liége, dont elle reçoit encore un ſurcroît, de la part du plaſtron, qui vient s'y appliquer; & par conſéquent elle eſt plus légère. Ainſi, par cette double cauſe, on tend, dans le nager, à ſe mettre ſur le dos.

Mais, comme la partie ſupérieure du corps peut ſe mouvoir naturellement ſur l'inférieure, moyennant

---

de cartilages & plus de vaiſſeaux aëriens. C'eſt pourquoi les poiſſons morts ſe voyent ſurnageans ſur le dos ou ſur le côté. Mais à quelle fin donc nagent-ils ſur le ventre étant en vie? C'eſt que le dos, plus robuſte, défend auſſi plus avantageuſement les parties molles antérieures, où ſe trouvent principalement les organes importans de la reſpiration, de la digeſtion, de la nutrition & de la réproduction.

l'articulation mobile du fémur ſur le baſſin, ou du baſſin ſur le fémur, il eſt facile de la ramener en avant, preſque ſans effort; &, quand il faut manœuvrer, à la nage (ce qui eſt le principal but, auquel on a tendu par cet habit), cette conſtruction eſt d'un excellent uſage; car alors on eſt forcé de porter en avant les bras & les mains, avec ce qu'elles peuvent tenir; & cet allongement de leviers feroit infailliblement donner du nez dans l'eau, ſi le corps n'étoit pas contrebalancé par la tendance en arrière, dont je viens de parler. Voilà pourquoi on peut, tout à la nage, tenir aſſez long-tems le fuſil en joue, en tournant & retournant autour de ſoi-même, ſans retirer, que très-peu, le corps en arrière.

Conſervation du Scaphandre.

Lorſqu'on en aura fait uſage pour nager, ſi c'eſt dans une eau ſale, ou dans l'eau de la mer (1), il faudra le faire tremper quelque tems dans de l'eau claire & douce; le laiſſer enſuite ſécher parfaitement; à moins qu'on ne voulût s'en ſervir le lendemain, & le ſerrer bien roulé, ou plutôt pièce ſur pièce, dans une caiſſe à ſerrure & à clef,

(1) Les toiles, imbibées d'eau de mer, s'imprègnent, en même temps, des ſels & des autres ſubſtances qu'elle contient; cela leur donne une mauvaiſe odeur, les gâte & les ronge. L'eau douce délaye, diſſout & emporte toutes ces matières étrangères & nuiſibles. Il faut donc les y laiſſer tremper quelques heures, afin que le mêlange en ſoit plus complet.

en lieu ſec & ſûr, & bien défendu contre les dents des rats & des ſouris.

Uſage du Bonnet.

On voit aſſez qu'il peut contenir, ſans avaries ni renverſement, les proviſions de bouche & de guerre, dont on croira avoir beſoin. Elles porteront ſur un carton circulaire, introduit & placé horizontalement, dans le bas de la partie ſupérieure de ce bonnet, pour le bien maintenir & lui ſervir de fond. Cette partie ſupérieure pouvant s'ouvrir & ſe fermer comme une bourſe, rien n'en peut ſortir qu'à volonté. Dès que l'on ne voudra plus faire uſage de ce bonnet; après en avoir ôté le carton circulaire, on le pliera en porte-feuille, afin d'être ſerré ou tranſporté plus commodément.

Nous venons d'apprendre l'art d'eſſayer, en toute ſûreté, un Scaphandre, dont nous ſçavons la conſtruction; voyons à préſent les différens uſages, auxquels il eſt ou il peut être propre.

Différens uſages du Scaphandre.

Le dénombrement, dans lequel nous allons entrer, ou l'application que nous allons faire de cet habit aux différens beſoins des hommes en ſociété ou ſauvages, fera, peut-être, mieux ſentir, que tout ce que nous avons dit juſqu'à préſent, le vrai prix de cette invention.

On a défini l'homme un *animal*

raisonnable ; c'en est un très-certainement imitateur par excellence. Les enfans, & beaucoup d'hommes faits, imitent, sans raison, des opérations de jeu assez fines, des mouvemens de danse, des sons ou des chants bien cadencés. Tout ce que nous connoissons d'autres animaux n'en approche point. Le singe n'est qu'un fou, il manque des mains au chien, l'éléphant est trop lourd, &c.

L'homme seul devient, en quelque sorte, par l'imitation, le tableau de tout ce qui respire. Il rampe sur le ventre, comme les reptiles; il marche à quatre pattes, comme les quadrupèdes; il nage, comme les poissons (1); & je ne

(1) Si l'homme, totalement plongé dans les eaux, pouvoit y retenir son haleine

doute aucunement qu'il ne volât comme les oiseaux, si l'art d'y parvenir entroit dans les vues de la société (1) aussi bien que celui du Nager.

---

assez long-tems & y prendre ses repas, il me paroît évident qu'à force d'art, il parviendroit à nager beaucoup mieux que les Poissons. La construction d'un nid n'est pour lui qu'une bagatelle, & d'un coup de filet, il prendroit plus d'insectes, en une seconde, qu'une hirondelle dans toute une journée. Les Reptiles ne lui opposent que des ruses & des résistances frivoles; toute la force & la fureur des plus terribles quadrupèdes viennent se soumettre & s'anéantir dans les piéges d'un lourdaut. Voyez ce que devient la Baleine, ce triple éléphant des mers, sous le petit fer d'un rustre, qui, sautant de corde en corde, n'offre tout au plus que l'image d'un Rat.

(1) On a proposé, avec succès, des ré-

Ainsi, la naissance de ce dernier art, comme de tant d'autres, étant

---

compenses pour la découverte des longitudes en mer; si on en proposoit pour inventer un art de voler comme les oiseaux, j'ose avancer qu'il seroit bientôt trouvé. On en a déja vu quelques essais, où l'on ne faisoit agir que les bras & lès omoplates. Si on s'avisoit, par des poulies de renvoi, de tirer le mouvement des aîles de celui des pieds & des jambes, accoutumés à soutenir le travail, plus souvent & plus long-tems, on parviendroit, sans doute, à nager dans l'air comme on nage dans les eaux; car les oiseaux, plus pesans qu'un pareil voulume d'air, ne s'y soutiennent & n'y avancent qu'en frappant dessus avec leurs aîles, comme on frappe sur l'eau, avec des rames, pour s'y soutenir & y nager.

Mais il me paroît que l'usage de cet art entraîneroit plus d'inconvéniens que d'avantages. Comment défendre alors les mois-

due au plaisir de l'imitation, le premier usage de notre Scaphandre sera :

Pour l'amusement de l'un & de l'autre sèxe.

Chez les Peuples civilisés, les mœurs publiques ne permettent qu'aux hommes de se livrer, tout nuds, au plaisir ou à l'éxercice du Nager. Il est absolument interdit aux femmes, pour lesquelles l'amusement est un très-grand besoin, & l'oisiveté un très-grand mal.

Cette entrave, donnée à leur li-

---

sons & les produits des jardins contre la rapacité des voleurs? Je conviens qu'on pourroit leur en opposer d'autres; mais, avant d'y parvenir, il y auroit bien du dégât & des meurtres.

berté naturelle, diſparoît abſolument au moyen du Scaphandre. Comme il éxige un habit de bain complet, dont on peut être revêtu ſous ſes habits ordinaires, avant de ſe préſenter publiquement à l'eau, la pudeur ne court aucun riſque. Pour peu même qu'on ſe rappelle la manière, dont ce corſelet eſt retenu ſur le corps, on verra que cette précieuſe qualité, qui embellit ſi merveilleuſement le ſèxe, eſt mieux aſſurée ou mieux défendue que ſous toute autre forme.

Il y a encore ici quelque choſe de plus pour elles. On n'enfonce dans l'eau, avec le Scaphandre, que juſqu'aux mamelles, en s'y tenant debout, comme on ſe tient, ou comme on marche ſur la terre ferme; c'eſt pourquoi la tête des femmes peut rester aussi bien parée, en prenant ou en quittant l'éxercice public du Nager, qu'au sortir de leur toilette.

Mais, si cet habit à nager, tout debout, sans l'avoir jamais appris, met si bien à couvert, publiquement, la pudeur, la décence & la parure des femmes, il pourvoit encore mieux à leur sûreté dans l'eau; il les met, comme les hommes, dans l'impossibilité d'être noyées, même quand elles le voudroient (1).

(1) Je me garderai bien d'enseigner l'art détestable de s'ôter la vie subitement; le désespoir n'en fournit que trop de moyens; mais il est certain que, pour peu qu'il y ait de la difficulté, pour peu que le supplice en soit durable, la nature tend si puissamment à sa conservation, qu'elle cède in-

Les nageurs ordinaires ſont particulièrement occupés de leur conſervation ; ils ſont en danger perpétuel de couler à fond, s'ils ne frappent pas continuellement l'eau, pour ſe tenir ou être renvoyés à ſa ſurface ; des plantes aquatiques, qui lieroient leurs jambes, une crampe, un épuiſement de forces, &c. peuvent leur ôter la vie, ſans aucune reſſource, quand les ſecours ne ſont point à portée. Le plaiſir fait, à la vérité, diſparoître tous ces inconvéniens ; ils n'en ſont pas

---

failliblement à l'avis, que lui en donne une violente douleur, continuée ſeulement pendant quelques ſecondes. Voilà pourquoi le Scaphandre, qui rend l'immerſion, au-delà des mamelles, ſi difficile, pourvoit très-puiſſamment aux funeſtes effets du déſeſpoir.

moins réels ; on n'en voit que trop ſouvent des victimes.

Rien de tout cela n'eſt à craindre avec le Scaphandre. Quand une fois on eſt à flot, s'il ſurvient quelqu'obſtacle, on peut ſe plier & ſe replier en tout ſens, écarter ou arracher ce qui eſt nuiſible, redonner aux parties, attaquées de la crampe, leur mouvement ou leur action, en les frottant & les tiraillant, pour y rappeller ou y ranimer les eſprits, & tout cela fort à ſon aiſe, quoiqu'à la nage ; puiſqu'on a remis abſolument tout le ſoin de ſa conſervation, dans l'eau, au Scaphandre, qui y ſoutient le corps à flot, ſans pouvoir lui permettre d'être ſubmergé.

L'épuiſement des forces n'eſt pas plus à craindre, quand on prend l'éxercice l'éxercice du nager avec le Scaphandre ; car, moyennant ce corſelet, on ralentit ou l'on arrête, à volonté, tous ſes mouvemens ; on reſte immobile, ſi l'on veut, les bras croiſés, où l'on ſe laiſſe aller au courant, juſqu'à ce que l'on ait repris aſſez de force, pour regagner la rive ou le rivage, auſſi lentement que l'on voudra.

2°. *Pour la ſanté des hommes & des femmes.*

L'éxercice modéré contribue ſingulièrement à conſerver ou à rétablir la ſanté : on ſçait que des eſtomachs délabrés peuvent ſe refaire par des bains froids ; les voyages, les diſtractions, le renouvellement perpétuel de l'air, ſont très-ſalubres aux perſonnes vaporeuſes, mélancoliques, hypocondriaques, &c. avec un Scaphandre on a tous ces remèdes ſous la main; on peut même ſe les adminiſtrer, tous à la fois, ſans preſqu'aucune dépenſe.

Remontez les bords d'une rivière, dans l'eſpace de quelques lieues; prenez le Scaphandre, & mettez-vous à l'eau pour revenir. Voilà de l'éxercice de plus d'une eſpèce; un bain d'eau froide, pendant pluſieurs heures, ſi vous voulez; des diſtractions perpétuelles, par la variété des objets, que vous préſentent les campagnes voiſines, en ſuivant ſimplement, ſans effort & ſans aucune ſorte d'inquiétude, le courant qui vous entraîne; vous voyagez évidemment, & l'air toujours ſe renouvelle.

Le plaiſir eſt une des meilleures recettes. Formez-vous une ſociété de *Scaphandriers* (1), qui ſçachent jouer de quelques inſtrumens; ayez une table de Liége bien leſtée, & à bords aſſez relevés; après l'avoir miſe à l'eau, chargez-la de comeſtibles, ſecs & liquides, à votre choix, avec des violons, des hautbois, des fifres, des tambourins, &c. & vous ſerez perpétuellement accompagné d'une cantine & d'un orcheſtre, dont le tranſport ne vous coûtera rien.

Tout en cheminant, à la nage, vous irez là boire & manger, comme dans votre appartement; &, quand

(1) C'eſt le nom que je donne à ceux qui ſont revêtus, & qui font un uſage actuel du Scaphandre. Un art nouveau exige abſolument de nouveaux termes.

le ſpectacle de la rivière ou de ſes environs vous paroîtra trop monotone, ou trop peu digne de votre curioſité, recourez à vos inſtrumens de muſique ; ils charmeront votre ennui, & feront l'admiration des habitans du rivage, &c. &c.

3°. *Pour la chaſſe.*

Ceux qui en ont le droit & le goût, & qui ſeroient propriétaires de marais, d'étangs, de lacs ou d'amas d'eaux conſidérables, où il y auroit de la ſauvagine, ſe ſerviroient très-utilement du Scaphandre, pour y aller à la chaſſe. Les oiſeaux de cette eſpèce ſe tiennent, autant qu'ils peuvent, fort éloignés des bords, hors de la portée des armes à giboyer ; ils ſe retirent ou ſe mettent à couvert, dans des endroits, pleins de grands herbages, de halliers, de joncs, de roseaux, où les chiens n'osent & ne peuvent souvent s'engager, quelques bons nageurs & quelqu'intrépides qu'ils soient.

Rien ici n'est inaccessible avec notre corselet; mais il faut un peu ruser. Au lieu du bonnet, où doivent être les munitions, on couvrira sa tête de la forme d'un canard, d'une oie, d'un cigne, (fig. 3, pl. IV.) en un mot, de la peau & des plumes de quelque oiseau aquatique, dont la vue, familière à la sauvagine, la mette dans le cas de ne point s'effaroucher.

Pour suppléer au bonnet, on se creusera une très-petite nacelle *x*, d'une seule pièce, d'un bois fort léger (de Liége, si l'on veut), longue de douze à quinze pouces, & large de sept à huit, suivant le besoin. On la Lestera avec du plomb, on y mettra les munitions, & on l'attachera au Scaphandre avec une ficelle, afin qu'elle en soit remorquée, ou qu'elle en suive les mouvemens, lorsqu'on en sera à manœuvrer à flot, au milieu des plus grandes eaux : si on la fait plus considérable, on pourra y appuyer la crosse de son arme, pour la charger plus commodément.

Alors, le fusil en bandoulière, la crosse en haut, la bouche du canon en bas, fermée avec du Liége, ou simplement le fusil sur l'épaule, (fig. 3.) on se promènera, à la nage, au milieu des eaux, en long & en large, pour se mettre à portée des oiſeaux aquatiques que l'on voudra tirer.

S'ils ſe jettent dans des endroits fourrés, rien n'empêche qu'on n'y pénètre, avec la précaution pourtant de ſonder le fond avec ſes pieds, de peur de s'empètrer inconſidérément dans des vaſes, d'où l'on ne pourroit ſe tirer : mais le Chaſſeur prudent ſe pourvoira d'un long bâton, qui lui ſervira de ſonde, & de quelques pierres, qu'il jettera dans les endroits impénétrables; afin d'effaroucher la ſauvagine, qui y ſeroit, & de la tirer au vol.

Je ne fais qu'indiquer ici la poſſibilité de la choſe; les gens du métier trouveront plus d'expédiens, que je n'en pourrois ſuggérer.

4°. *Pour la pêche.*

Qui peut chasser, à la nage, au milieu des eaux les plus profondes, peut très-certainement y pêcher. Deux Scaphandriers, ou même un seul, qui sçauroient promener un filet dans des eaux poissonneuses, ne manqueroient pas d'y faire une bonne pêche. La nacelle *x*, (fig. 3, pl. IV.) dont j'ai parlé ci-dessus, seroit fort propre à la recevoir, ou un filet, *en forme de poche*, d'où le poisson ne pourroit s'échapper.

Mais, sans aucuns filets quelconques, sans nacelle ou sans poches, destinées à recevoir le poisson, pris ou à prendre, on pourroit s'en procurer beaucoup, en parcourant simplement, avec un Scaphandre, des endroits poiſſonneux, comme ſi l'on ne faiſoit que s'amuſer, ou prendre des bains de ſanté.

On ſçait qu'on eſt habillé de pied en cap, avec ce corſelet ; ainſi, quand on ſe propoſera de ſe mettre à l'eau, il n'y aura qu'à attacher, autour de ſon corps, depuis les pieds juſqu'au cou, tant de lignes que l'on voudra, avec différens appâts, dont les poiſſons ſoient friands, comme on le pratique dans les pêches ordinaires ; ſe mettre enſuite à flot, & s'y promener ſuivant ſon caprice. On ne manquera pas, après quelques minutes, de ſe ſentir tirailler en différens ſens, ou l'on éprouvera ſoi-même, en touchant les lignes avec ſes mains, à quel point en eſt la pêche.

Dès qu'on la jugera bonne, on

ſe retirera au rivage, où l'on ſe verra couvert, & comme émaillé, de toutes parts, de poiſſons ſautillans & brandillans, qui annonceront une autre joie, bien plus durable & plus ſolide, celle de la table ou de la bonne chère, &c. &c. (1).

5°. *Pour le paſſage des grandes rivières par des troupes.*

Je ne puis mieux faire ici, que de préſenter au Public les vues d'un

---

(1) On m'objectera, ſans doute, qu'avec un pareil moyen, on s'expoſe plutôt à faire bien *maigre chère;* puiſqu'un fantôme de cette eſpèce, au milieu des eaux, paroît plus propre à effaroucher qu'à faire venir les poiſſons. Mais il n'eſt queſtion que de bien choiſir ſes appâts ; il y en a avec leſquels on prend le poiſſon à la main.

Militaire diſtingué, M. le Comte de Puyſégur, Lieutenant Général des Armées du Roi, notre Contemporain. Il s'eſt occupé, aſſez longtems, d'idées rélatives à cet objet. Je l'appris par l'Académie des Sciences, un jour que, dans une de ſes Aſſemblées, je liſois un Mémoire ſur les effets de mon Scaphandre, qu'elle m'a fait l'honneur d'approuver.

J'ignorois abſolument ce qu'on avoit fait avant moi là-deſſus. Le déſir de m'inſtruire, & de comparer les travaux des autres avec le mien, me déterminèrent à écrire à M. le Comte de Puyſégur. Il m'honora d'une réponſe très-détaillée & très-inſtructive, dont il m'a permis de publier tout ce que je voudrois.

« A la fin du ſiége de Maeſtricht

» (1748), dit cet Officier Général, » étant détaché à Louvain, je pensai » que l'on pouvoit se servir de cette » idée (d'un habit de Liége) pour » faire arriver des Soldats sur le » rivage, près du pont à Maestricht, » soit de jour, soit de nuit, tant » pour surprendre que pour atta- » quer le chemin couvert, ou le » prendre de revers.

» J'avois imaginé, afin qu'on ne » soupçonnât point cette attaque, » de jetter, plusieurs jours de suite, » quantité de bottes de foin, qui » eussent flotté sur l'eau, & suivi le » courant. Le jour de l'attaque, » j'eusse fait entrer, dans l'eau, des » Soldats, la tête entourée de foin, » pour se cacher, en se laissant dé- » river, avec ordre de se rassembler » près du rivage. Je n'avois cepen-

» dant pas encore fait d'épreuve, » & je me préparois à la tenter, » lorſqu'arriva la ſuſpenſion d'ar- » mes, & enſuite la paix....

» Dans l'hyver de 1757, le blocus » de Gueldres étant formé, je crus » qu'on pouvoit pénétrer dans la » Ville par l'inondation. Je propoſai » à M. le Marquis de Roquepine » d'entreprendre cette expédition » avec moi. Je voulus faire tra- » vailler à ces vêtemens (de Liége) » pour quatre cents hommes; mais, » par des raiſons particulières, le » projet ne fut pas accepté....

» Voici, au ſurplus, quelques » circonſtances, où l'on peut faire » un bon uſage de ce *Scaphandre*, » puiſque vous le nommez ainſi.

» 1°. Un homme peut, de fort » loin, avec cet habit, en mer ou

» dans les grandes rivières, ſe laiſſer » dériver au courant, & arriver, » ſans bruit, contre un bâtiment à » l'ancre, ſans être pris pour autre » choſe qu'une *bouée* (1); s'y ac- » crocher enſuite, y attacher la » chemiſe de ſouffre, qu'il auroit » remorquée, y mettre le feu, & ſe » retirer; ſans courir riſque d'être » pendu, comme il le ſeroit, s'il » étoit pris dans ſon opération.

» 2°. Un homme, ayant traverſé » une rivière, & amarré un cordage » au côté, oppoſé à celui dont il eſt

---

(1) On appelle *bouée*, dans la Marine, un morceau de bois, de Liége, en un mot, un corps quelconque, attaché à un cordage, & qui, flottant au-deſſus d'une ancre, ſert à marquer le lieu où elle eſt. Les *bouées* ſervent auſſi à marquer les écueils, les endroits difficiles, les débris de navires, &c.

» parti, on pourra faire paſſer, pro-
» portionnellement à la force de ce
» cordage, un certain nombre de
» Soldats, ainſi arrangés, ſe tenant
» enſemble, & formant une ſorte
» de bataillon quarré, qui ſeroit
» porté à l'autre rive, comme un
» pont-volant.

» 3°. On peut encore ſe ſervir
» fort utilement de cette invention,
» pour franchir des inondations,
» où l'eau eſt preſque toujours ſta-
» gnante. Beaucoup de places de
» guerre ne ſeroient plus à l'abri
» d'un coup de main, malgré les
» embarras des haies & des bran-
» chages, qu'on pourroit facilement
» couper.

» 4°. Au reſte, on pourroit adap-
» ter cette même invention au har-
» nois d'un cheval, en la changeant

» un peu de forme, avec plus de » poids, & le faire passer, à la » nage, lui & son cavalier, les » fleuves les plus rapides, sans » craindre leur violence ».

Pour assurer mieux le passage des grandes rivières, par des troupes en bataillon, j'ajouterai quelque chose à ce qu'en vient de dire M. le Comte de Puységur.

L'important, à la guerre, quand il s'agit d'un coup de main, ou d'insulter un poste, est le secret & la diligence. On ne trouve pas toujours, sur la rive opposée que l'on veut gagner, des arbres, ou quelqu'autre appui assez considérable, pour soutenir l'effort, que feroient des troupes, en passant à l'autre bord, sur le cordage qu'il faut y amarrer.

amarrer. Il faudroit donc que le Soldat, chargé de cette première opération, remorquât ou traînât après lui, en nageant, un Pieu, traversé, vers le haut, par un levier, & garni, par le bas, d'une pièce de fer en vis, dans laquelle son extrêmité inférieure seroit bien solidement enchassée; ce qui feroit la fonction d'une espèce de Tarière (fig. 2, pl. II.)

En faisant tourner le Pieu, au moyen de sa traverse & de sa vis, on l'enfonceroit dans la terre, sans bruit, jusqu'à un point convenable (fig. 3, pl. II.), & l'on n'auroit pas besoin de donner aucuns coups, qui exposeroient évidemmment à faire découvrir une manœuvre, que l'on auroit le plus grand intérêt de tenir secrète.

Cependant, les Soldats, qui doivent exécuter le paſſage, auront ceint leur Scaphandre, vers le haut de la poitrine, d'une corde ou ficelle, dont ils laiſſeront, par derrière, un bout pendant d'un pied ou deux.

Un autre point d'une très-grande importance, à la guerre, eſt de bien agir enſemble. Suppoſons donc à préſent que l'on veuille faire paſſer, en même tems, ſix cents hommes en dix rangs, de ſoixante Soldats au rang, ou en ſoixante files, de dix Soldats chacune, au moyen d'une ſeule corde, amarrée comme nous venons de le dire (même fig.). Le premier chef de file empoignera, d'une main, la corde qui traverſe la rivière, & s'avancera avec ſa file, juſqu'à ce qu'ils ſoient à flot.

Alors, de peur qu'ils ne s'écartassent les uns des autres, chacun d'eux saisira son voisin, par le bout pendant de la ceinture ci-dessus : comme elle a quelque longueur, ils ne se gêneront point dans leurs mouvemens.

Il est clair que cette première file ne se fatiguera point, à flot, en attendant les autres; le Scaphandre faisant toute la besogne. Les chefs de file n'auront d'autre peine, à mesure qu'il en viendra à côté d'eux, que de s'avancer dans la rivière, au moyen de la corde traversière, qu'ils ont d'abord empoignée.

Dès que cette corde sera chargée des soixante files, à flot, on en lâchera son extrêmité C, arrêtée d'abord au rivage d'où l'on est parti, & le seul courant, qui appuiera sur ces troupes., comme sur un long levier, les portera toutes ensemble, & presqu'en même tems, à l'autre rive RS, où elles pourront sur le champ éxécuter leur projet, sans se défaire, si elles le veulent, du Scaphandre, qui leur servira même d'une très-bonne arme défensive (1).

Première remarque.

Il pourroit arriver que la corde, qui traverse la rivière, fût incapable, lorsqu'elle seroit arrêtée par ses deux extrêmités C, D, de soutenir la pression ou l'effort de six cents hommes, réünis comme en une seule masse, que le courant por-

(1) Comme il y a, dans le Scaphandre, beaucoup plus de plein que de vuide, les coups de fusil ou de sabre n'y feroient pas grand effet; le Liége est une espèce de matelas très-propre à les amortir.

teroit ou feroit appuyer sur elle.

On pourvoiroit à cet inconvénient de deux manières, ou en attachant au Pieu plusieurs cordes traversières, afin que chacune d'elles fût moins chargée, ou en distribuant plusieurs cordes sur une seule, lesquelles, attachées fortement au rivage par leur autre extrêmité, soutiendroient ou fortifieroient cette première & principale corde traversière; elles serviroient encore à la rappeller, au cas que les troupes fussent obligées de rétrograder, &c. &c.

Au reste, il ne faut regarder ceci que comme de premières idées, qui se perfectionneront par les gens du métier, suivant les circonstances.

Seconde remarque.

S'il y avoit lieu de craindre que la corde traverſière, enfonçant trop dans l'eau, ne rencontrât quelqu'obſtacle invincible, qui l'empêchât de ſe replier, avec les troupes, ſur la rive oppoſée, il n'y auroit qu'à garnir cette corde de morceaux de Liége, d'eſpace en eſpace; ils la tiendroient, à la ſurface de l'eau, dans toute ſa longueur, & l'inconvénient ſeroit évité; car il faut pourvoir à tout, principalement dans les expéditions, qui demandent la plus grande célérité & le plus profond ſecret. Ainſi, je crois qu'à tout événement, avant d'entreprendre rien de ſemblable, il faudroit que les cordes traverſières euſſent toujours cette garniture.

6°. *Contre les dangers ſur mer & ſur les rivières.*

Je vais encore me ſervir ici de la lettre de M. le Comte de Puyſégur. Il penſe que le Scaphandre ſeroit fort utile, « 1°. pour aller viſi- » ter un navire à fleur d'eau, & » le calfater, à la mer, en le met- » tant à *la bande*, c'eſt-à-dire, ſur » le côté.

» 2°. Pour ſauver la partie de l'é- » quipage, qui ne peut entrer dans » la chaloupe, quand le vaiſſeau » coule bas. . . . Si M. de Boulain- » villiers eût eu cette reſſource (1), » perſonne de ſon monde n'eût péri.

» 3°. Quand un bâtiment chavire,

(1) On verra plus bas la deſcription de ſon naufrage.

» ſaute ou ſombre, il eſt certain
» que les Marins, qui auroient cette
» eſpèce de vêtement, ne pour-
» roient être étouffés dans l'eau,
» (ou ce qu'on appelle vulgairement
» *noyés*) que parce qu'ils ſeroient
» accrochés par quelques manœu-
» vres, qui les retiendroient dans
» le fond ».

Un ſûr moyen d'éviter cet inconvénient ſeroit de s'élancer hors du vaiſſeau, dans le tems qu'on le verroit, ou quelques inſtans avant qu'on le vît couler bas.

« Il eſt vrai qu'on ne peut pas
» toujours porter cet habillement;
» mais on peut prévoir le danger.
» Il ne faut d'ailleurs qu'un moment
» pour s'en revêtir; &, quand même
» le tourbillon, formé par un vaiſ-
» ſeau qui s'abîme, feroit d'abord

» enfoncer celui qui porteroit cette » machine, il seroit bientôt revenu » au-dessus de l'eau, sans avoir eu » le tems d'être étouffé ».

Ce tourbillon, ou plutôt cette espèce de gouffre, formé par le corps d'un vaisseau qui s'abîme, est très-redoutable. Une infinité de meubles ou de débris peuvent tuer, écraser, disloquer, ou retenir trop long-tems, au-dessous des eaux, les hommes entraînés dans cet entonnoir, ou forcés d'y plonger.

Quand on ne s'est pas jetté à l'eau, quelques momens avant que le vaisseau coulât bas, la seule ressource, même avec un Scaphandre, seroit de monter, par les haubans (1), au haut des mats, le plus

(1) Ce sont de gros cordages, qui ser-

qu'on pourroit. Le gouffre n'est occasionné que par les eaux supérieures, qui tendent rapidement à remplir le corps du vaisseau, & à prendre la place des inférieures,

---

vent à soutenir les mâts à basbord & à stribord, c'est-à-dire, à droite & à gauche, ils sont attachés au haut des mâts & à l'endroit des barres de *Hunes*, & roidis en bas contre le bord du vaisseau. De petits cordages, qu'on appelle *enflêchures*, les traversent depuis le haut jusqu'en bas, & forment des échelons, par le moyen desquels les Matelots montent aux *Hunes*, qui sont une espèce de plate-forme ronde, posée en saillie autour d'un mât. On y amarre les étais & les haubans; les Matelots y montent pour la manœuvre, & sur celle du grand mât on en met un en vedette, pour faire sentinelle, sur-tout dans les tems de brume, & quand on craint des brisans ou des Corsaires.

déplacées par cette maſſe. Cela eſt d'une fort petite durée, & n'eſt preſque plus rien, quand le haut des mâts arrive à plonger; ainſi, ceux qui s'y feroient réfugiés n'auroient rien à craindre du gouffre.

« 4°. Au moyen de cette précau-
» tion (du Scaphandre), l'équipage
» d'un vaiſſeau, qui échoueroit ſur
» une côte peu difficile, ſeroit né-
» ceſſairement porté au rivage, à la
» mer montante (1), ſans pouvoir
» être ſubmergé.

» On convient que, lorſqu'un

---

(1) On n'a pas beſoin, avec mon Scaphandre, que la mer monte, pour gagner le rivage : en s'aidant des paumes des mains, comme les nageurs ordinaires, & même, en marchant un peu, il eſt très-poſſible d'avancer contre le reflux.

» bâtiment se brise contre un ro-
» cher, par une tempête violente,
» cette ressource deviendroit inutile
» à ceux que les flots jetteroient,
» avec fureur, sur la roche; mais
» très-certainement elle ne contri-
» bueroit en rien à leur malheur.
» Enfin, avec elle, on ne peut périr,
» en mer, que par la maladie, les
» accidens, le fer, le feu, la faim,
» & jamais par l'eau ».

Cela éxige quelque modification. On peut être noyé ou étouffé par les eaux, sans y être submergé. Quand la mer moutonne, ou que les vents écrètent les vagues en différens sens, il s'élève, à plusieurs pieds de sa surface, une espèce de nuage, de pluie fort épaisse, des flocons d'eau si multipliés & si continus, qu'en bouchant perpétuellement les organes externes de la respiration, on est bientôt suffoqué; sans compter que, dans une grande tempête, il est impossible de tenir long-tems contre les vagues, lesquelles, passant continuellement par dessus la tête, inondent le visage du nageur, & l'étouffent sans couler à fond.

Mais il y a bien des manières de faire naufrage : très-peu vont jusqu'à cette extrêmité. On sauveroit une infinité d'hommes, si, uniquement abandonnés aux eaux, ils pouvoient s'y tenir debout, s'y arrêter, ou y cheminer, à volonté, sans jamais y enfoncer que jusque vers la région des mamelles.

Un vaisseau peut couler bas, 1°. par une voie d'eau; 2°. par des bas-fonds; 3°. en passant de la mer dans une rivière (1) ; 4°. en heurtant contre une roche ; 5°. par le feu du ciel, ou celui du vaisseau même ; 6°. par le canon de l'ennemi dans un combat ; 7°. par un attérage imprévu ; 8°. par des bancs de sable ; 9°. quand un vaisseau est forcé d'échouer, ou quand on l'échoue exprès, par malice ou de peur d'être pris, &c.

Dans tous ces cas, qui arrivent le plus communément, il n'est point question de tempêtes. Avec des Scaphandres, pas une ame ne périroit, ou, pour le moins, on auroit tout le tems d'attendre du secours.

---

(1) Cela peut arriver, quand un vaisseau est très-chargé ; l'eau de la mer étant, à volume égal, plus pesante que celle des rivières, soutient aussi mieux les corps qui y plongent ou y surnagent.

OBJECTIONS.

On croit ici en faire de très-grandes. 1°. Un naufrage arrive, en mer, à plusieurs centaines de lieues des terres. Comment le Scaphandre en sauvera-t-il ? Ne sera-t-on pas dévoré par la faim, par les poissons, ou même par le désespoir ? Une prompte mort est certainement préférable à une vie de quelques jours, que l'on est menacé de perdre à tous les instans.

C'est ainsi que l'on raisonne, quand on a le tems de raisonner. La nature laisse là toute cette métaphysique, & s'accroche où elle peut dans un danger. Il n'y a point ici à délibérer : elle pourvoit au plus pressé. Un Scaphandre est sous ſes mains ? Elle l'endoſſe, la voilà ſauvée de l'eau. La faim & la dent des poiſſons ſont des dangers plus éloignés & d'une autre eſpèce. Toutes les mers ne nouriſſent point de ces animaux, friands de chaire humaine. Il y a des expériences de perſonnes, qui ont ſubſiſté pluſieurs jours, à la merci des flots, après des naufrages, ſans prendre la moindre nourriture. Dans les mers fréquentées, il n'y a guère de jours qu'il ne paſſe quelque vaiſſeau, dont on peut eſpérer du ſecours. Rien n'empêche, d'un autre côté, (je le conſeille fort, & je le pratique) que l'on ne garniſſe le Scaphandre de quelques poches, où l'on tiendroit toujours en réſerve quelque bouteille de liqueur ſpiritueuſe, pour les cas extrêmes.

Le

Le pis-aller feroit de mourir, comme on feroit mort fans Scaphandre; mais, encore une fois, la nature (excepté dans le défefpoir) meurt le plus tard qu'elle peut, & l'habit que je propofe lui donne ici cette reffource.

Remarque importante.

On obfervera même, par rapport aux tempêtes, que le plus grand nombre des naufrages qu'elles caufent, fe font près des côtes, à quelques lieues de diftance.

En pleine mer, les vents ont la liberté de déployer leur action fur une vafte étendue. Toutes les fois que la force d'un agent quelconque fe diftribue à un plus grand nombre de parties, plus auffi eft foible l'impression, que chacune d'elles en reçoit. Aux approches du rivage, les vents & les flots sont gênés & répercutés par les terres ou les côtes, qui les bornent ou les limitent; les houles & les vagues reprennent donc en hauteur, ce qu'elles ne peuvent avoir en surface, comme en pleine.

Aussi leur fureur, irritée par ces obstacles, en est bien plus terrible; elle s'augmente encore par les rochers, beaucoup plus fréquens sur les côtes que par-tout ailleurs. La mer, par son mouvement perpétuel, roule les corps solides, qui se détachent de son sein, jusqu'où ils peuvent aller. Elle est retenue par ses bords ou ses rivages; ils s'y arrêtent avec elle, & la hérissent d'écueils, que les vaisseaux ne rencontrent pas ailleurs, à beaucoup près, si fréquemment.

Ainsi, le soulèvement des flots augmenté, & les écueils multipliés vers les côtes, en rendant les tempêtes plus dangereuses, y rendent aussi les naufrages plus fréquens. Comme on est à la vue des terres, si l'on étoit pourvu de Scaphandres, on pourroit, de soi-même, gagner les bords, ou attendre des secours, qui seroient à portée.

2°. En convenant que l'on puisse effectivement, avec cette ressource, sauver des eaux un grand nombre de personnes, ne se mettroit-on pas dans le cas, d'un autre côté, d'en perdre bien davantage? Lorsqu'un vaisseau est menacé d'un danger quelconque, il est certain qu'on ne peut le sauver que par des manœuvres, commandées & faites à propos. En pareil cas, la tête tourne ſouvent aux Matolots : on ne la fait revenir que le piſtolet à la main. Le courage de gens, enrôlés par force, dans les vaiſſeaux de guerre, doit être auſſi abſolument forcé. Il doit ne leur reſter aucun moyen de fuir. En défendant ſa maiſon juſqu'à l'extrêmité, il faut ou la ſauver ou périr avec elle. Si l'on introduiſoit l'uſage du Scaphandre, le remède ſeroit bien pis que le mal ; il pourroit occaſionner une déſertion affreuſe, même ſans la vue du danger, uniquement pour recouvrer ſa liberté.

Voilà, ce me ſemble, l'objection préſentée dans toute ſa force, & avec l'appareil le plus effrayant. Je n'en ai jamais été frappé. Les Officiers du vaisseau auroient des Scaphandres sous leur garde, comme ils y ont les armes & les poudres; ils n'en distribueroient qu'à proportion du besoin bien reconnu, & suivant le dégré de confiance, qu'ils auroient aux personnes : il seroit défendu de s'en pourvoir en particulier, sans l'exprès consentement des Chefs ou du Conseil.

D'un autre côté, la ressource du Scaphandre, bien loin d'occasionner la désertion, lorsqu'il y auroit tempête ou danger, sur-tout dans un grand éloignement des côtes, est tout-à-fait propre à conserver ou à faire revenir la tête des Matelots, à raffermir leur courage & à bannir tout désespoir. Abandonner, en pareils cas, les manœuvres ou le vaisseau, ce seroit rendre sa perte infaillible, & le ſalut des déſerteurs fort incertain; puiſqu'aux premières apparences de lâcheté ou de l'envie de s'enfuir, les Officiers ont le piſtolet prêt à leur caſſer la tête; au lieu qu'en faiſant leur devoir, en ſe conduiſant en braves gens, ſoutenus par la réſervé du Scaphandre (eſpèce de retraite bien ménagée, à laquelle on a pourvu de loin), des manœuvres aſſurées pourront ſauver le navire & l'équipage.

Au pis-aller, s'il vient à périr, comme il eſt poſſible de travailler, revêtu de ce corſelet, c'eſt une chaloupe inſubmerſible, toute prête à venir au ſecours, ou à mettre à portée d'en attendre; puiſqu'avec cela on peut, tout à la nage, ſe conſtruire des radeaux, pour ſervir de refuge après le naufrage, ou même avant, quand il est jugé inévitable, comme la possibilité en est démontré quelques pages plus bas.

Lorsqu'on est muni de Scaphandres, la vie est donc plus assurée, en travaillant à la conservation du vaisseau, jusqu'à la dernière extrémité, qu'en l'abandonnant, avant qu'il périsse.

Quant aux équipages des vaisseaux Marchands & des Passagers, où il n'y a rien de forcé, il est évident que ces habits contribueroient à leur inspirer la plus grande confiance, & qu'ainsi, dans tous les cas, il seroit bon de s'en pourvoir.

3°. Le Scaphandre est d'un assez gros volume : cela feroit bien de l'encombrement, c'est-à-dire, tiendroit beaucoup de place dans un endroit, où il n'y en a jamais trop pour les ſubſiſtances, l'eau douce, les canons, les marchandiſes ou la cargaiſon, &c.

On convient, de bonne foi, que cette objection n'eſt pas ſans fondement. Les cinq pièces du Scaphandre, y compris la Suſpenſoire ou le Plaſtron, miſes les unes ſur les autres, occupent un eſpace long de vingt pouces, large de dix, profond ou épais de douze; ce qui fait un pied un tiers avec un dix-huitième de pied cube, & ſa peſanteur totale eſt de douze à treize livres. Il n'y a donc qu'à opter entre ces deux avantages, ou d'aſſurer ſa vie, en gagnant un peu moins, ou de la mettre à la merci des événemens, pour avoir un peu plus.

Cependant il n'eſt pas néceſſaire

qu'il y ait des Scaphandres pour tout le monde dans un vaiſſeau. Quand il auroit huit cents hommes d'équipage, une centaine de ces corſelets ſeroient plus que ſuffiſans : on en donneroit d'abord aux plus intelligens, aux plus adroits, aux meilleurs manouvriers; en un mot, aux perſonnes le plus en état de travailler, à flot, par ce moyen, à la conſtruction ou à la perfection des radeaux, pour le refuge & le ſalut de tout le monde. Ainſi, dans un vaiſſeau de guerre, l'encombrement & la charge d'une centaine de ces habits ſeroit d'une aſſez petite conſidération, en comparaiſon des ſervices les plus précieux, dont ils ſeroient, en cas de malheur.

Uſage du Scaphandre, ſoit pour le radoub, ſoit pour le calfat d'un vaiſſeau en mer.

Radouber un vaiſſeau, c'eſt réparer quelque dommage fait à ſon corps. On emploie à cet uſage des planches, des plaques de plomb, des étoupes, du goudron, du ſuif, &c, en général, tout ce qui peut arrêter les voies d'eau.

Le *calfat* eſt une eſpèce de radoub, qui ſe fait à un navire, lorſqu'on en bouche les trous, les crevaſſes, les fentes, les jointures ou les entredeux des planches ou du bordage, & qu'on les enduit de ſuif, de poix, de goudron, de brai, &c. afin d'empêcher qu'il ne faſſe eau; ou bien, c'eſt une étoupe, enduite de brai, que l'on pousse, de force, avec un ciseau & un maillet, dans les joints ou entre les planches d'un navire, pour le tenir sain, étanché, & franc d'eau.

Quand il faut donner le radoub & le calfat, un peu au-dessus ou au-dessous de la ligne de flottaison, c'est-à-dire, de la partie du vaisseau, qui est à fleur d'eau, en le mettant à la bande ou sur le côté, c'est un assez grand appareil ou attirail de poulies, de cordages, de madriers, pour soutenir des hommes sur les flancs de ce vaisseau, afin d'y faire les réparations convenables; au lieu qu'avec de simples Scaphandres, dont on peut se revêtir en une demi-minute, on est en état, presque sur le champ, d'aller porter du remède au mal, en descendant à la mer, le long d'une corde, que l'on ceindra, si l'on veut, autour de son corps, pour suivre plus parfaitement les mouvemens du vaisseau; & même, s'il y avoit trop d'embarras, pour mettre à l'eau la chaloupe ou la yole, on jetteroit simplement, à la mer, quelques madriers, retenus par des cordes, sur lesquels on auroit attaché des haches, des tarières, des villebrequins, des clous, en un mot, tous les instrumens & toutes les matières, propres au service que l'on se proposeroit; car être dans l'eau avec un Scaphandre, c'est avoir autour de son corps un bateau, avec lequel on peut faire toutes sortes de manœuvres, sans crainte d'être submergé.

Usage du Scaphandre, pour faciliter, par mer, une descente de troupes sur des côtes.

Des troupes de débarquement ne peuvent sauter immédiatement d'un vaisseau sur la terre : cela se fait toujours à une assez grande distance du rivage, de peur que les vaisseaux, en s'approchant trop, ne vinssent à toucher ou à talonner. Il faut donc beaucoup de chaloupes, exposées à chavirer, dans un aussi grand mouvement de troupes que celui d'une descente, où d'ailleurs on peut être reçu à coups de canon & de fusil, avant de pouvoir se défendre. Si un boulet vient à donner sur une nacelle, voilà tout son monde perdu, & il n'est guère possible de rendre les coups de fusil.

Mais des Officiers & des Soldats, revêtus de Scaphandres, peuvent se mettre à l'eau, pendant la nuit, la mer montante, remorquer des outils de sappes ou de tranchée, attachés sur des planches, arriver très-facilement au rivage, avec fusils, bayonnettes & cartouches, s'y établir promptement, & favoriser le reste de la descente. Des troupes, ainsi dispersées dans l'eau, n'auroient pas beaucoup à craindre du canon ennemi, & plastronnées, comme elles le seroient par ce corselet ou par cette armure défensive, les coups de fusil y feroient bien peu de chose.

Usage du Scaphandre pour faire aiguade ou faire de l'eau, en mer.

Faire aiguade ou *faire de l'eau* ſur une côte, c'eſt y aller ſe fournir d'eau, bonne à boire, c'eſt-à-dire, faire une proviſion d'eau douce, que l'on prend ſur le rivage de la mer, pour les vaiſſeaux, lorſqu'ils en manquent, ou qu'ils ſont prêts d'en manquer, dans le cours de leurs voyages.

Il y a *bonne aiguade* en certains lieux : on les choiſit. Les lames ſont quelquefois ſi conſidérables, ſur les bords de la mer, que les chaloupes n'y pourroient tenir. Des nageurs ordinaires, de la première force, pourroient bien auſſi y ſuccomber, comme il n'y en a que trop d'exemples ; étant obligés d'ailleurs de pousser devant eux des barils ou des muids, pour les remplir, en partie, de l'eau qu'on va chercher, & les ramener, ainsi chargés, aux chaloupes, qu'on a laissées à portée de les recevoir.

Cette besogne peut se faire très-commodément, & sans aucun risque, avec des Scaphandres. Comme ces habits tiennent les nageurs, tout debout, dans l'eau, sans avoir à s'occuper, le moins du monde, de leur conservation, le travail, qu'éxige l'aiguade, s'en fait aisément, sûrement, promptement. Quoique les Jaquettes, dites Anglaises, n'aient pas, à beaucoup près, les avantages du Scaphandre, elles ne laissèrent pas d'être fort utiles, pour cet objet, à M. Byron, Anglais,

Anglais, Chef d'Escadre, dans son voyage autour du monde, en 1764 & 65, comme on peut le voir, à l'article *Jaquette de M. Wilkinson.*

Usage du Scaphandre, pour faire des Radeaux, à la nage, en pleine mer, pouvant servir de refuges après un naufrage, ou même avant, quand il est jugé inévitable.

Un *Radeau* est un assemblage de plusieurs pièces de bois, liées ensemble, formant une espèce de plancher, flottant, dans l'usage, presqu'à fleur d'eau, & auquel rien n'empêche qu'on ne donne des bords assez relevés, pour garantir, ceux qui y seroient, des plus grandes incommodités de l'eau : c'est alors une espèce de Bateau plat, ſur lequel on peut mettre des hommes, & tout ce que l'on prévoit être utile à leurs beſoins, ſuivant les circonſtances, où ils ſe trouvent, ou ſelon les projets qu'ils ont.

Voici, ſans doute, le moment le plus précieux des Scaphandres, d'un prix, j'oſe l'avancer hardiment, d'un prix ineſtimable. Dès qu'il n'y aura plus aucune eſpérance de ſauver un vaiſſeau, près ou jugé près de périr, tous ſe mettront à l'ouvrage, & l'on ne perdra pas un moment, revêtus de Scaphandres, pour jetter à l'eau cages à poulets, barils vuides & bien bouchés, vergues, avirons, cordages, cordes & ficelle, voiles, tables, bancs, planches, ſur leſquelles on attachera maillets, marteaux, haches, ſerpes, ſcies, tarières, villebrequins, vrilles, couteaux, clous de toute eſpèce, &c. en un mot, tout ce qui eſt néceſſaire à la conſtruction d'un édifice de bois flottant, que l'on va faire, à la nage, au milieu & à la ſurface des eaux les plus profondes.

Avant de les jetter, on en liera enſemble le plus qu'on pourra, afin qu'on ſoit moins obligé de les chercher, ou de courir après, lorſqu'on en aura beſoin. J'ai ſuppoſé qu'on n'oublieroit ni vivres, ni eau douce, ni liqueurs, ni bouſſole, ni cartes, ſans leſquels on n'iroit pas loin, ou bien on iroit fort mal.

La première choſe à faire, lorſqu'on ſera à la merci des flots, ſoutenu, debout, par le Scaphandre, ce ſera de ſauver ceux qui n'en auroient pas, & de les mettre, le mieux qu'on pourra, en ſûreté, avec ceux qui ne pourroient point travailler, ou qui n'y feroient pas propres. Alors on raffembleroit, à portée des conftructeurs, les matériaux qu'on fe feroit ménagés ; &, en affez peu de tems, on verroit fe former, affez groffièrement d'abord avec des cordes, & plus parfaitement enfuite avec des chevilles & des clous ; on verroit, dis-je, fe former des efpèces de planchers, fur lefquels on fe réfugieroit, & que l'on auroit le tems de perfectionner, quand on auroit pourvu au plus preffé.

Il eft évident qu'une pareille reffource eût fauvé tout l'*Utile*, qui touchoit prefqu'au rivage de l'Ifle de fable, où il fe perdit. Tout *le Prince*, quoique brûlé, fur la mer, à près de deux cents lieues des terres de toutes parts ; & principalement tout *le Bourbon*, commandé par le Comte de Boulainvilliers, qui n'étoit qu'à cinq lieues de la côte.

---

*Naufrage de la Flûte l'*Utile, *sur l'Isle de sable, le 31 Juillet 1761, entre dix & onze heures du soir, vers les 15 dég. 52 min. de Lat. Sud.*

Ce vaisseau étoit venu à Madagascar, y faire une cargaison de riz, pour l'Isle Bourbon, qui en manquoit. On avoit remis à la voile, le vingt-troisième Juillet 1761, vers les quatre heures du soir. Il paroît qu'il y eut bien de l'ignorance dans la manière dont on gouverna cette *Flûte*. Le 30, à midi, sur l'observation par 16 d. 20 m. de latitude, ſous laquelle ſe trouvoit l'Iſle de ſable, qui n'étoit point marquée ſur la carte du premier Pilote, on dit qu'on pouvoit ſe perdre, en courant cette Bordée. Rien n'empêchoit qu'on ne prît des précautions, contre le danger dont on étoit menacé.

Le lendemain, à la pointe du jour, à peu près ſous la même latitude, on eſtima qu'on étoit environ à vingt lieues des *Bancs de Nazareth.* Entre dix & onze heures du ſoir, l'*Utile* talonna, c'eſt-à-dire, donna comme des coups de talon ſur l'Iſle de ſable, & jetta tout le monde dans la plus grande inquiétude. On ne ſçavoit où l'on étoit ; les vagues étoient très-groſſes, les roulis violents, & les coups de talon ne ceſſoient. Les mâts furent abattus ; près de terre, comme l'on étoit, les brisans étoient affreux. Le vaisseau se démembra, & chacun s'accrocha où il put. On se noyoit tout à la nage, la mer faisant coffre de toutes parts, c'est-à-dire, s'élevant en voutes, qui venoient, coup sur coup, se briser sur les gens de l'équipage ; ils avoient à peine le tems de respirer : les cris furent horribles jusqu'à la pointe du jour, que l'on apperçut la terre, où l'on voyoit du monde se promener. C'étoit des gens du vaisseau, que les débris & les lames y avoient porté.

On travailla d'abord vainement à établir un *Va & Vient*, c'est-à-dire, des cordes, amarrées par un bout au rivage, & de l'autre à la carcasse du vaisseau ; la mer étoit trop furieuse. Dès qu'elle fut moins irritée, on attacha des cordes de débris en débris ; & l'on parvint à sauver le reste de l'équipage. Vingt blancs y périrent.

La cargaison de ce vaisseau ne consistoit pas seulement en riz ; on avoit acheté, en fraude, à Madagascar, un grand nombre de Nègres. Dès que l'on vit le danger, de peur qu'ils n'échappassent, on les enferma sous les *Écoutilles*, que l'on cloua. Les Écoutilles sont des ouvertures quarrées faites au tillac, en forme de trape, par où l'on descend dans l'intérieur du vaisseau.

Cette fermeture coûta la vie à un grand nombre de ces pauvres gens, dont pas un n'eût péri, si on avoit ouvert leur prison. Il y en eut plusieurs coupés en deux, par des endroits de la carcasse, qui s'ouvroient & se refermoient tout-à-coup. Comme, en général, ce ſont de bons nageurs, ils euſſent tous infailliblement échappé au danger. On en peut juger par le trait ſuivant.

Pendant le naufrage, malgré la fureur des flots, des lames faiſant coffre, & des briſans qui écraſoient les meilleurs nageurs, on vit une Négreſſe ſe ſauver, à la nage, avec ſon malheureux enfant, attaché ſur ſon dos, à la manière de ſon pays, & gagner l'Iſle de ſable.

M. Kaudick lui-même, Écrivain ſur ce vaiſſeau, tout fort & intrépide qu'il étoit, penſa y perdre la vie. Epuiſé de fatigue, à force de lutter, à la nage, contre les briſans qui le ſuffoquoient, allant & venant au milieu de furieuſes lames, il eut le bonheur de s'accrocher à une grande planche de ſapin. A peine y étoit-il, qu'un Nègre, qui se noyoit, voulut la partager. Avec deux coups de pied, M. Kaudick lui ôta le reste de ses forces.

Cependant un Matelot, tout sanglant, venoit, à la nage, vers cette planche, n'en pouvant plus & criant au secours. Il y fut reçu & sauvé. L'Officier l'ayant quittée, à cause d'une lame, chargée d'une barique, toute prête à l'écraser, sous laquelle il plongea, fut enfin porté au rivage, tout dégoutant de sang & à demi-mort, &c.

Il est évident, par cette Relation, que ce naufrage eut lieu, tout près de terre, qu'on se noyoit, tout à la nage, suffoqué par les brisans, & que le premier *Va & Vient*, qui eût achevé de sauver tout l'équipage, ne put s'établir, à cause de la fureur des flots, qui ne permettoient pas aux nageurs, trop occupés de leur conservation, de faire aucune autre manœuvre.

Avec une vingtaine de Scaphandres, plus ou moins, tous ces inconvénients eussent disparu. Ces habits tiennent debout, à flot, tout le buste hors de l'eau; quand on en est revêtu, abandonné aux eaux, nageur ou non, épuisé de fatigue, on ne peut couler bas; les vagues, qui se brisent, n'empêchent qu'un moment de respirer; la tête en est bientôt dégagée.

On peut donc penser à toute autre manœuvre qu'à sa conservation; les mains, les bras, & surtout la tête en liberté, peuvent se porter à d'autres opérations. En ce cas-ci, le *Va & Vient*, qui eût rendu tant de ſervices, ſe ſeroit établi ſans trop de difficulté. Par ce moyen, beaucoup de vivres perdus euſſent été repêchés, & l'on eût recueilli, durant & après la tempête, beaucoup de matériaux, propres à faire des barques ou de ſimples radeaux. Tout en travaillant, on eût pu aller & venir, en marchant à flot, ſans ſe ſervir de ſes mains, que l'on eût occupées à toute autre choſe qu'à nager, comme on me l'a vu faire à moi-même. Quoique, dans mes expériences l'eau fût calme, la différence, dans un gros tems, n'eſt effrayante que pour l'imagination: le Scaphandre, tenant l'homme debout, eſt dans un parfait équilibre, monte avec la Houle & deſcend avec elle; préciſément comme fait un vaiſſeau; mais avec cette différence que celui-ci peut chavirer & couler bas, & que l'homme, enveloppé d'un Scaphandre, revient incontinent, tout debout, à la surface des eaux.

En un mot, puiſque tant de perſonnes ſe ſauvèrent de ce naufrage, par leurs propres forces, que n'auroient-elles pas fait avec une machine, qui les eût tenus, à flot, tout debout, ſans ſe donner aucune peine, en leur permettant même de travailler & de marcher à la nage?

Le Scaphandre eût fait plus. Après le naufrage, il en eût ſauvé un grand nombre des horreurs qui le ſuivirent. Dès le premier Août on s'occupa à recueillir les vivres & les débris du vaiſſeau, que la lame portoit à terre. Avec l'habit, dont je montre ici la conſtruction, on n'eût point éte obligé d'attendre le ſervice de la lame ; on eût été ſe promener, dans la mer, auſſi loin que l'on eût voulu, pour y ramener ou pouſſer à terre tout ce qu'on eût rencontré des débris du vaiſſeau. On en auroit plus promptement conſtruit des barques ou des radeaux, pour regagner Madagaſcar, à quatre-vingt lieues de-là ; ſans compter les avantages de la Pêche, que ce corſelet eût procurés, pour vivre de poiſſons frais.

Les matériaux rejettés à terre avec trop de lenteur, on fut juſqu'au 26 Août à finir un bateau de retour. Les Nègres, animés par l'eſpérance de cette reſſource, rendirent des ſervices incroyables. Il faut croire que ce vaiſſeau & les vivres étoient inſuffiſans, pour ramener tout le monde. Dès que les Blancs y furent embarqués, on coupa, à coups de hache, le cable qui retenoit ce bateau à la terre, & l'on arriva, le premier Octobre, à Madagascar, avec la perte d'un seul homme dans la traversée.

Les Nègres, hommes, femmes & enfans, furent impitoyablement abandonnés, manquants de tout, sur une Isle, où il n'y avoit que roc & sables, sans arbres, sans arbustes, sans herbes quelconques; elle ne leur offroit qu'un puits d'eau douce & des œufs d'oiseaux. Le long désespoir de ces infortunés est inexprimable; les plus forts furent réduits à manger les plus foibles. On apprit ces horreurs par quelques-uns d'entr'eux, qui revinrent à Madagascar. Des restes des débris, ils s'étoient fait, après bien du tems, un méchant Radeau, avec quoi ils se rendirent dans leur Patrie, & ne cessoient d'offrir, en leur propre personne, le tableau des belles vertus, où n'aboutissent que trop souvent les arts des Peuples civilisés.

Les Scaphandres auroient rendu de bien plus grands services dans le naufrage du *Prince*.

Naufrage du Prince, *vaisseau de la Compagnie des Indes, le 26 Avril 1752, sous la latitude de 8 dég. 30 min. long. 355 dég.*

On avoit destiné ce vaisseau pour Pondichéry. Il étoit commandé par M. Morin, & chargé de riches présens, de Soldats, de quelques femmes & jeunes demoiselles, d'une troupe de Comédiens, &c. Son premier départ,

part, du 19e Novembre 1751, ne fut point heureux; après avoir appareillé de la rade du Port de l'Orient, il fut obligé d'y rentrer au bout de huit jours, & n'en repartit que le 10e Mars 1752.

Le 26e Avril de la même année, vers la latitude 8 dég. 30 min., longitude 355 dég. on obſerva que le feu étoit dans la *Cale*, c'eſt-à-dire, dans la partie la plus baſſe du vaiſſeau, où l'on met les munitions, les marchandiſes, &c. à l'endroit du charbon. Si, à l'ouverture des écoutilles, on eût inondé cette partie, on eût pu ſe ſauver; mais l'introduction d'un nouvel air ayant animé le feu, la tête tourna preſqu'à tout le monde. Le célèbre M. de la Touche arma vainement ſoixante à quatre-vingt Soldats, pour contenir l'équipage. Tout se confondit. La consternation fut si générale, qu'on ne put mettre les bateaux ni les canots à la mer; il falloit donc périr ou par le feu ou par l'eau. Cages, vergues, planches, barils, &c. sont jettés à la mer, pour servir de refuges. Le grand mât, à peine tombé, se trouve chargé de monde, sous le feu des canons, dont l'incendie faisoit la décharge. Deux jeunes demoiselles s'y trouvoient, & y périrent avec tant d'autres.

Cependant la *Yole*, que l'on avoit pu mettre à la mer avec quelques avirons, servoit de refuge à sept hommes, & n'en pouvoit guère recevoir davantage. Au milieu de tout ce bouleversement, des cris effroyables des hommes, & des hurlemens des animaux brûlans tout vifs, M. de Lafond, Lieutenant de ce vaiſſeau, Auteur de la Relation de ſon naufrage, reſté ſeul ſur le pont, après avoir donné les ordres qu'il pouvoit, expoſé, à chaque inſtant, à ſauter avec le vaiſſeau, dont l'incendie alloit mettre le feu aux poudres, ſe précipita enfin dans la mer, roulant ſur une vergue chargée de monde. Un Soldat, qui ſe noyoit, l'accrocha; il ne put s'en débarraſſer qu'en plongeant trois fois. Paſſant enſuite de vergue en vergue, juſqu'au grand mât, qui flottoit couvert de monde, il y reſta trois heures. A cinq heures du ſoir, il fut reçu dans la yole, avec le Pilote & le Maître.

Ces dix hommes s'éloignèrent incontinent du vaiſſeau, qui alloit ſauter & finir la tragédie. Après l'exploſion, ils revinrent ſur la place. Une barique d'eau-de-vie, quinze livres de lard ſalé, une pièce d'écarlatte, vingt aunes de toile à quatre fils, douze douves de bariques & quelques cordes, furent tout ce qu'ils purent recueillir de ce naufrage.

Ils étoient à près de deux cents lieues de terre, de toutes parts, & voguèrent, preſque tout nuds, huit jours & huit nuits, brûlés du ſoleil & dévorés par la ſoif; à l'exception du ſixième jour, qu'une petite pluie vint les ſoulager. Accablés d'inſomnie & de miſères, un coup d'eau-de-vie, de tems en tems, les ſoutenoit. Enfin, près de ſuccomber, ils découvrirent terre, le 3e Mai 1752. A deux heures après midi, ils abordèrent à la côte du

Brésil, sous la domination des Portugais, dont la commisération & les bons procédés leur sauvèrent la vie, &c.

En réfléchissant sur les différentes circonstances de ce naufrage, on voit que la tête tourna presqu'à tout le monde, uniquement parce qu'on se vit sans ressource. Il n'y avoit point-là de tempêtes, ni de gros tems; le danger ne fut point subit; on eût plus de trois heures devant soi. En jettant, sur le champ à la mer, tout ce qui pouvoit servir à faire des radeaux, en abbatant les mâts, & en sauvant l'eau fraîche, avec des Scaphandres, qui eussent un peu rassuré, les plus dispos & les plus adroits eussent pu, tout à la nage, construire des réfuges, pour sauver le reste de l'équipage & les vivres.

Car, puisqu'au moyen d'une nacelle aussi frêle qu'une yole, les dix hommes qu'elle reçut furent sauvés, étant aux abois; que n'auroit-on pas dû attendre de vivres considérables, sauvés sur des radeaux, d'une toute autre consistance, qu'un très-petit batelet, où dix personnes pouvoient se tenir à peine?

Quand un vaisseau est pourvu de Scaphandres, & que le naufrage est à craindre ou même jugé inévitable, voici ce qu'il faut faire bien entendre aux gens de l'équipage; c'est qu'ils ont toujours une ressource, qui ne peut leur manquer. Cela rassurera leur tête, & les mettra en état de défendre leur maison jusqu'à la dernière extrêmité.

On auroit encore mieux réussi, avec des Scaphandres, à sauver tout

l'équipage du *Bourbon*, que celui du *Prince*.

Naufrage du Bourbon (1), *le 12 Avril 1741, à cinq heures & un quart du matin, commandé alors par M. le Comte de Boulainvilliers* (2).

Je n'ai pu m'en procurer qu'une tradition orale, c'est-à-dire, non écrite, mais transmise de bouche en bouche. Il n'y en a point de relation imprimée, au moins que je sçache. Sans une lettre, que m'a fait l'honneur de m'écrire, à ce sujet, M. de Morogues, Lieutenant-Général des Armées Navales du Roi,

---

(1) Quelques relations l'appellent le *Royal-Bourbon*.

(2) On m'a dit qu'il s'appelloit *César de Boulainvilliers*.

Car, puiſqu'au moyen d'une nacelle auſſi frêle qu'une yole, les dix hommes qu'elle reçut furent ſauvés, étant aux abois ; que n'auroit-on pas dû attendre de vivres conſidérables, ſauvés ſur des radeaux, d'une toute autre conſiſtance, qu'un très-petit batelet, où dix perſonnes pouvoient ſe tenir à peine ?

Quand un vaiſſeau eſt pourvu de Scaphandres, & que le naufrage eſt à craindre ou même jugé inévitable, voici ce qu'il faut faire bien entendre aux gens de l'équipage ; c'eſt qu'ils ont toujours une reſſource, qui ne peut leur manquer. Cela raſſurera leur tête, & les mettra en état de défendre leur maiſon juſqu'à la dernière extrêmité.

On auroit encore mieux réüſſi, avec des Scaphandres, à ſauver tout

l'équipage du *Bourbon*, que celui du *Prince*.

Naufrage du Bourbon (1), *le 12 Avril 1741, à cinq heures & un quart du matin, commandé alors par M. le Comte de Boulainvilliers* (2).

Je n'ai pu m'en procurer qu'une tradition orale, c'eſt-à-dire, non écrite, mais tranſmiſe de bouche en bouche. Il n'y en a point de relation imprimée, au moins que je ſçache. Sans une lettre, que m'a fait l'honneur de m'écrire, à ce ſujet, M. de Morogues, Lieutenant-Général des Armées Navales du Roi,

(1) Quelques relations l'appellent le *Royal-Bourbon.*

(2) On m'a dit qu'il s'appelloit *Céſar de Boulainvilliers*.

Car, puiſqu'au moyen d'une nacelle auſſi frêle qu'une yole, les dix hommes qu'elle reçut furent ſauvés, étant aux abois; que n'auroit-on pas dû attendre de vivres conſidérables, ſauvés ſur des radeaux, d'une toute autre conſiſtance, qu'un très-petit batelet, où dix perſonnes pouvoient ſe tenir à peine?

Quand un vaiſſeau eſt pourvu de Scaphandres, & que le naufrage eſt à craindre ou même jugé inévitable, voici ce qu'il faut faire bien entendre aux gens de l'équipage; c'eſt qu'ils ont toujours une reſſource, qui ne peut leur manquer. Cela raſſurera leur tête, & les mettra en état de défendre leur maiſon juſqu'à la dernière extrêmité.

On auroit encore mieux réüſſi, avec des Scaphandres, à ſauver tout

l'équipage du *Bourbon*, que celui du *Prince*.

Naufrage du Bourbon (1), *le 12 Avril 1741, à cinq heures & un quart du matin, commandé alors par M. le Comte de Boulainvilliers* (2).

Je n'ai pu m'en procurer qu'une tradition orale, c'eſt-à-dire, non écrite, mais tranſmiſe de bouche en bouche. Il n'y en a point de relation imprimée, au moins que je ſçache. Sans une lettre, que m'a fait l'honneur de m'écrire, à ce ſujet, M. de Morogues, Lieutenant-Général des Armées Navales du Roi,

(1) Quelques relations l'appellent le *Royal-Bourbon*.

(2) On m'a dit qu'il s'appelloit *Céſar de Boulainvilliers*.

échappé ou plutôt soustrait à ce naufrage, ma description n'auroit d'autre fondement que la voix publique ; car ce naufrage devint très-fameux dans la bouche des Français ; & même M. de Morogues ne m'en parle que de mémoire. Sa lettre étant datée de son Château de Villefalliers, à Cléri-sur-Loire, le 19e Octobre 1774, il n'a pu être à portée de consulter des papiers, laissés à Brest, où il avoit écrit, dans le tems, un grand nombre de particularités, rélatives à cet accident.

Le *Bourbon*, vaisseau du Roi, de soixante-quatorze canons, d'environ six cents soixante-dix hommes d'équipage, dont treize à quatorze Officiers, & cent vingt Soldats, sans troupes de débarquement, commandé, à ſon départ, par M. de Radouay, Chef d'Eſcadre, faiſoit partie de l'Eſcadre de feu M. le Marquis d'Antin, compoſée de deux diviſions, l'une de Toulon & l'autre de Breſt. Elles mirent à la voile, pour une expédition ſecrète, au commencement de Septembre 1740, & rentrèrent, la première à Toulon, le 15e Avril 1741, & l'autre à Breſt, le 18e du même mois.

En touchant à la Martinique, M. de Radouay y mourut (1), le 2e Novembre 1740, & M. le Comte de Boulainvilliers lui ſuccéda dans le commandement du Bourbon. « En » partant de Saint-Domingue, dit » M. de Morogues, ce vaiſſeau fai-

(1) D'autres relations diſent que ce fut, en paſſant de la Martinique à Saint-Domingue.

» soit très-peu d'eau ; une pompe » lui suffisoit, & l'on ne pompoit » que peu de tems. L'eau augmenta » aux Açores (1). On remédia à » quelques voies, & il ne paroissoit » encore aucun danger ; mais le gros » tems, que l'on éprouva depuis le » commencement d'Avril, ouvrit » beaucoup de voies à la flottaison » & au-dessous. Il fut impossible de » remédier à celles-ci, qui augmen-

(1) Les *Açores*, au nombre de neuf, sont des Isles de l'Océan, comprises entre les 36 & 41e dégrés de Lat. Septent. reconnues, en partie, l'an 1448, par Don Gonzalo Vello, du Royaume de Portugal, à qui elles appartiennent, & furent ainsi nommées de la quantité de Vautours qu'on y trouva ; car *Açor*, en Espagnol & en Portugais, signifie *Vautour*, Dict. de la Martin.

» toient toujours ». M. de Morogues ne m'a point dit que, par un des plus grands malheurs, une brume ou un brouillard fort épais avoit alors séparé le Bourbon de l'Escadre. « Après avoir tenu Conseil, le 9, il » fut résolu de courre à terre, & de » joindre la première que l'on ren- » contreroit. On se faisoit alors en- » viron à six lieues de Finistère, au » Sud-Est.

» Dès ce moment on arma sept » pompes, & l'on fit cinq puits, où » l'on distribua tout l'équipage, qui » ne changea de travail, que dans la » nécessité d'une autre manœuvre. » On portoit des vivres à chaque » poste. On passa, sous le vaisseau, » des *Bonnettes lardées* (1). On

(1) *Bonnettes*, diminutif de bon. Ce sont

» jetta à la mer le canon de la se-
» conde batterie & des gaillards,

---

de petites voiles, dont on se sert, lorsqu'il y a peu de vent : c'est-là le fondement de leur dénomination ; parce qu'alors elles sont *un peu bonnes*.

Les *bonnettes lardées* sont une pratique des Calfateurs. Quand un vaisseau a une voie d'eau, & qu'ils ne connoissent point l'endroit où elle est, pour la trouver ils lardent une *bonnette* avec de l'étoupe, qu'on pique sur la voile, avec du fil à voile. Après avoir mouillé la *bonnette*, ils jettent de la cendre ou de la poussière sur ces bouts de fil de caret & d'étoupe, afin de leur donner un peu de poids, pour faire enfoncer la *bonnette* dans l'eau.

En cet état, ils la descendent dans la mer, & la promènent à stribord & à basbord, c'est-à-dire, à droite & à gauche de la quille, jusqu'à ce qu'elle se trouve opposée à l'ouverture, qui est dans le bordage, & qui forme la voie d'eau ; car alors

» excepté un pour les ſignaux. On
» ne réſerva qu'une ſeule ancre ;
» enfin, on fit humainement & pru-
» demment, tout ce que des gens
» du métier peuvent faire, pour
» conſerver un vaiſſeau, qui eût
» coulé bas, peut-être, vingt-quatre
» heures plutôt, ſi l'on ſe fût amuſé
» à faire des radeaux, qui auroient
» fait quitter le travail des pompes.
» Ce travail forcé dura deux jours
» & trois nuits. On ne vit la terre
» que le 11 au ſoir. A huit heures
» il y avoit quatre pieds d'eau dans

l'eau, qui coule pour y entrer, pouſſe la *bonnette* contre le trou ; ce qui ſe connoît par une eſpèce de gazouillement ou de frémiſſement, que font la *bonnette* & la voie d'eau. Les Matelots, pour exprimer ce bruit, diſent que la *bonnette ſupe*. Dictionn. Encycl.

» le vaisseau, & douze à minuit.
» Alors le vaisseau ne gouvernoit
» plus, & enfonçoit sensiblement.
» Il coula bas, le 12, à cinq heures
» & un quart du matin, une demi-
» heure après que le grand canot
» eut été mis à la mer. Le petit
» étoit parti une heure avant. Le
» grand, étant à peu de distance,
» en arrière du vaisseau, le vit dis-
» paroître, & ne trouva pas un
» homme à sauver ».

J'ai oui-dire que le tourbillon ou le gouffre, occasionné par le vaisseau qui s'abîmoit, fut si violent, que la commotion en passa jusqu'au grand canot. On ne m'a point dit dans lequel des deux M. le Comte de Boulainvilliers força d'entrer son fils, qui vouloit mourir avec lui.

« Il n'y eut, dans ce vaisseau,

» continue M. de Morogues, malgré
» le plus grand & le plus évident
» danger, nul murmure. On y ob-
» ferva la plus grande fubordination.
» Je ne puis trop admirer l'extrême
» fang-froid des Officiers qui com-
» mandoient, & l'obéiffance des
» Soldats & des gens de l'équipage,
» qui cherchoient à découvrir, dans
» la contenance des Officiers, le
» fentiment qu'ils avoient du dan-
» ger, & qui fe raffuroient par leur
» fermeté. Il faut, ajoute très-judi-
» cieufement M. de Morogues, être
» dans un pareil accident, & y con-
» ferver fa tête, pour en juger ».

Il n'y eut que trente-quatre perfonnes fouftraites à ce naufrage, moyennant les deux canots (1), où

(1) Je tire auffi cette circonftance d'un

n'entrèrent que les Officiers ou Gardes-Marine, que le Capitaine nomma pour aller chercher du secours à terre, avec quelques Mate-

voyage, fait, par ordre du Roi, à la côte d'Espagne, pour déterminer, par des observations astronomiques, la position des Caps Finistère & Ortégal, en 1751. Hist. de l'Acad. des Sciences, année 1768, page 282, cinquième Alinea, par M. de Bory, Chef d'Escadre, & de l'Académie Royale des Sciences.

« C'est vers Courouvelle & vers le Mont » Lauro, dit M. de Bory, qu'abordèrent » les deux canots, qui portoient les trente-» quatre hommes, échappés du naufrage » du vaisseau du Roi le Bourbon. Ce bâ-» timent, commandé par feu M. de Bou-» lainvilliers, & faisant partie de l'Escadre » de feu M. d'Antin, périt, le 12e Avril » 1741, à la vue du Cap Finistère, & des » pointes que je décris ».

lots

lots néceſſaires à la manœuvre. Cinq cents dix-ſept hommes, auxquels étoit réduit l'équipage, y périrent ſans exception, tous braves gens, dans l'ame deſquels avoit paſſé celle de leur Commandant.

Quelle perte! Avec des Scaphandres on eût tout ſauvé. Il n'y avoit d'autre accident que des voies d'eau, la mer n'étoit point groſſe, & le danger ne fut point ſubit. Si l'on eût pu compter ſur cette reſſource, on avoit tout le tems de jetter à la mer des matériaux, qui auroient ſervi à conſtruire, tout à la nage, des radeaux, où ſe ſeroient réfugiés les hommes ſans Scaphandre. Le rivage n'étoit point eloigné; on ſeroit bientôt venu au-devant d'eux, dès que les canots ou les Scaphandriers en euſſent donné avis.

Aujourd'hui, dans de pareilles circonſtances, la perte d'un ſeul homme ne pourroit être attribuée qu'à une négligence très-condamnable; puiſqu'avec une cinquantaine de Scaphandres, qui feroient très-peu d'encombrement dans un grand vaiſſeau, & même dans un médiocre, on pourroit ſe procurer des réfuges infaillibles, qui ſauveroient des hommes fort précieux à l'Etat, & encore plus à l'humanité.

7°. *Pour apprendre à nager tout, ſeul, d'une manière ſûre, & en fort peu de tems.*

Avec le Scaphandre on eſt à flot, on marche, & on manœuvre tout debout; les nageurs ordinaires ſont ſur le ventre, &, dans les eaux courantes, apprendre à nager, tout ſeul, eſt un éxercice aſſez dangereux. Il ſemble que ce corſelet devroit lever toutes les difficultés, & faire diſparoître tous les inconvéniens.

On a raiſon. Au lieu des cinq rangs de Liége, attachés fixément ſur la première toile, au-deſſous des échancrures, mettez-les ſépa-rément ſur des bandes, en forme de ceintures, amovibles ſuivant le beſoin. Il ſeroit mieux, mais il n'eſt pas abſolument néceſſaire, que ces pièces de Liége, en ceinture, ſoient recouvertes d'une autre toile; pourvu qu'elles ſoient bien aſſurées ſur la première.

Que le Novice ou l'apprenti, revêtu d'un habit de bain, ſe ceigne une de ces bandes, le plus haut qu'il pourra, ſur la poitrine, ſans trop gêner les aiſſelles ; qu'il en mette de même deux ou trois autres au-deſſous, dont la dernière tienne à la veſte de bain ou au Pantalon, avec quelques agraffes ou quelques cordons.

Après être entré dans l'eau juſqu'aux hanches, qu'il s'y jette hardiment ſur le ventre : il ne pourra d'abord couler à fond ; &, s'il a devant lui un bon nageur, qu'il puiſſe imiter, en moins d'une demi-heure, la confiance ſera établie, & il pourra cheminer, ſans trop s'éloigner du rivage.

S'il continue à ſe ſentir bien affermi, qu'il revienne au bord, où il ôtera la plus inférieure de ſes ceintures, pour retourner à l'éxercice. Il apprendra de plus en plus à ſe ſoutenir ſur l'eau par ſa propre induſtrie, & à faire bien concerter les mouvemens de ses pieds & de ses mains, en imitant son modèle. S'il en manque, il apprendra un peu plus lentement; l'éxercice & la confiance seront ses maîtres.

Il diminuera ainsi, par dégrés, suivant ses forces acquises, le nombre de ses ceintures, jusqu'à ce qu'il puisse entièrement s'en passer. Comme les secours étrangers ne diminuent ici qu'à proportion de l'industrie augmentée, la confiance est toujours la même, & n'est plus, à la fin, qu'en ses propres forces.

Tous les autres moyens d'apprendre, & de se perfectionner dans l'art de nager, m'ont paru fort inférieurs à celui-ci; quelques-uns même ne sont pas sans danger.

Cependant, si l'on vouloit consulter les Auteurs qui en ont écrit, je vais, en indiquant leurs ouvrages, m'y arrêter un peu. On y aura la confirmation de ce que j'ai dit, au commencement de ce livre, ſur le préjugé que j'y combats, défendu & accrédité par ceux mêmes qui devoient le détruire : car ils auroient dû commencer leur Traité par la queſtion de ſçavoir, ſi l'homme, ſans la peur, nageroit (la première fois qu'il tombe ou qu'il ſe jette à l'eau) auſſi naturellement que les quadrupèdes connus : mais, au lieu de mettre la choſe en queſtion, ils la ſuppoſent ; ainſi qu'on le verra bientôt dans les trois ſeuls Ecrivains, que j'aie pu découvrir ſur cette matière, un Français, un Anglais & un Hollandais, que je vais mettre ſous les yeux du Lecteur, ſuivant l'ordre des tems, en remontant du plus proche au plus éloigné.

L'art de nager par Thévenot, Français.

Cet ouvrage *in*-12. rempli de figures, ainsi que de tours de force & d'adresse dans l'*art de nager*, fut imprimé, à Paris, en 1696, chez Thomas Moette. « Il n'y a rien de » plus injuste, dit l'Auteur, page 1 » & 2, que la plainte des hommes, » qui reprochent à la nature de leur » avoir refusé la faculté de nager, » sans le secours de l'art; puis» que l'on ne peut pas douter que » l'*homme ne nage naturellement*, » *comme une infinité d'animaux*, & » qu'il ne le fasse d'une manière » beaucoup plus parfaite & plus di» versifiée, tant pour son plaisir que

» pour ſon utilité. Si cela n'étoit » pas, on n'en verroit pas un ſi » grand nombre s'acquitter de cet » éxercice avec une adreſſe admi- » rable, qui fait connoître qu'il a » pour cela toutes les diſpoſitions » requiſes & néceſſaires ».

Des diſpoſitions ? Sans doute. Voilà ce qui eſt naturel. On en convient de part & d'autre : mais nager tout-à-coup, la première fois que l'on tombe ou que l'on ſe jette à l'eau, comme font les quadrupèdes, c'eſt-là le point de la conteſtation, ſur laquelle nous avons pris le parti de la négative abſolue, pag. 3 & ſuiv. & ce que nous croyons avoir porté juſqu'à la démonſtration.

« Si l'homme, pourſuit Thève- » not, a les diſpoſitions qu'il faut » avoir pour nager, pourquoi donc

» les hommes ne nagent-ils pas tous
» également ? Il eſt aiſé de répondre,
» ce qui eſt très-véritable, qu'ils
» nageroient tous, ſans diſtinction,
» & qu'ils jouiroient du bonheur,
» qui leur eſt auſſi naturel qu'aux
» autres animaux, s'ils n'en étoient
» pas détournés par des mouvemens,
» qu'ils ne maîtriſent point, comme
» ils le devroient; tels que ſont les
» mouvemens de *frayeur*, d'impa-
» tience, de promptitude, & de
» prévention mal fondée, qui les
» rendent inhabiles à profiter de la
» perfection qu'ils poſſèdent. Un té-
» moignage de cette vérité eſt que
» ceux qui ont eu aſſez de pouvoir
» pour s'en dépouiller, ont nagé de
» tout tems, & ont fait, en nageant,
» des choſes ſurprenantes, que font
» encore aujourd'hui ceux qui les
» ont imités ».

On répond à Thévenot que cela ſe fait par art, & non naturellement, ſans l'avoir jamais appris.

« Si les hommes vont au fond de » l'eau, dit le même Auteur, page » 40, c'eſt par leur faute ; car natu- » rellement ils n'y devroient point » aller ». Thévenot fait ici une aſ- ſertion très-téméraire. Les hommes, plus peſants qu'un pareil volume d'eau, comme il y en a, vont na- turellement au fond de l'eau. « En » effet, nous voyons, continue » l'Auteur, qu'il faut qu'ils ſe faſſent » quelque violence pour y aller ; il » y a même de l'adreſſe à aller au » fond ſûrement, promptement, & » de bonne grâce, &c. »

C'eſt pour aller plus vîte qu'ils n'iroient naturellement. D'ailleurs ce ne ſont-là que des acceſſoires, qui ne touchent point directement à l'objet de la question.

Pour relever les avantages de l'art de nager, dans l'homme, Thévenot cite, dans sa Préface, l'éxemple de César, « lorsque se trouvant » près de succomber sous l'effort de » Ptolomée, Roi d'Egypte, qui » l'avoit attaqué en trahison (en » surprise) dans Aléxandrie, il se » jetta tout armé, du haut du rem- » part, dans la mer, & gagna, à » la nage, ses vaisseaux, avec les- » quels il revint combattre Ptolo- » mée, qui fut tué, & Cléopâtre » déclarée ensuite Reine d'Egypte ».

Il dit encore, au même endroit, que les Romains avoient un corps particulier de Plongeurs, qu'ils appelloient *Urinatores*; que chaque vaisseau de guerre avoit son Plongeur, chargé principalement du soin des ancres & des cables, de même que nos Bossemans.

Il ajoute que Pline rapporte, Liv. 2 de son Histoire Naturelle, que ces Plongeurs couloient de l'huile dans leur bouche, pour avoir la respiration libre sous l'eau (assertion bien hasardée, pour ne rien dire de plus), & qu'ils lâchoient, de tems en tems, de cette huile, qui leur servoit pareillement à leur donner du jour. Autre assertion de la même espèce que ci-dessus, &c.

Thévenot assure que son livre est le premier ouvrage, qui ait paru, en notre langue, sur cette matière, & qu'il ne connoît que deux Auteurs, qui en aient parlé avant lui, Everard Digby, Anglais, dont il s'est servi, & Nicolas Winman, Hollandais.

L'art de nager par Everard Digby, Anglais.

Thévenot n'a guère fait que traduire Digby, dont l'ouvrage, en Latin, eſt intitulé, *De arte natandi libri duo, quorum prior regulas ipſius artis, poſterior praxim demonſtrationemque continet; Auctore Everardo Digbeîo, Anglo, in Artibus Magiſtro. Londini excudebat Thomas Dawſon, 1587.* C'eſt-à-dire, l'art de nager, diviſé en deux livres, dont le premier contient les règles de cet art, & le ſecond en offre la pratique & la démonſtration. Par Everard Digby, Anglais, Maître-ès-Arts. A Londres, de l'Imprimerie de Thomas Dawſon, en 1587.

Voyez-en le chapitre 7 du premier livre. Deux Interlocuteurs, N & G, y raiſonnent ſur les effets du nager, par rapport à l'homme. G avance cette propoſition, *homo natat naturâ adjuvante*... L'homme nage à l'aide de la nature. Cela n'eſt pas bien précis ; l'Auteur veut dire que l'homme nage naturellement, ſans l'avoir jamais appris. N lui répond, *quare ergo tam cito omnes pene periclitantes in aquis deſcendunt fundum verſus, & pereunt illicô?* Ce qui ſignifie, pourquoi donc preſque tous ceux, qui tombent dans l'eau, pour la première fois, coulent-ils ſitôt à fond, & y périſſent ſnr le champ ? La réponſe de G n'eſt point aiſée à prévenir : *Id partim fit, ait ille, præ erectâ procerâque hominis figurâ, cujus pedes terram ut premant cum à naturâ ſint deſtinati, ſicut armata ferro ſagitta li-*

quidô descendit in amnem, cui ferrum si forte adimas, ipsa summâ illicô natat aquarum superficie; ita pol quidem aquas semel immersus homo, si se in longum extenderet, similique positione uteretur, sive casu illud foret, sive consilio, neutiquam immergeretur.
« Cela vient en partie, dit l'Interlo-
» cuteur G, de la figure de l'homme,
» qui se tient droit sur ses pieds.
» Comme la nature les a destinés à
» fouler la terre, ils vont la trou-
» ver, de même qu'une flèche,
» armée de fer, descend tout de
» suite au fond de l'eau; mais s'il
» arrive quelle perde son armure,
» elle revient, sur le champ, nager
» à la surface. Il en arriveroit très-
» certainement la même chose de
» l'homme submergé; s'il venoit,
» dans cette position, par hasard ou

» à deſſein, à s'étendre en long ;
» comme la flèche, il ne reſteroit
» jamais ſous les eaux ».

Quelle Phyſique ! On croiroit, à entendre l'Auteur, que les pieds ſont plus lourds que la tête, que tous les hommes ſont plus légers qu'un pareil volume d'eau; &, parce qu'on a obſervé des gens, qui ſe noyoient, revenir pluſieurs fois à la ſurface des eaux, il en conclut que l'homme nage ou plutôt ſurnage naturellement; car c'eſt à quoi ſe réduiſent les paroles ſuivantes.... *Nec vero natandi imperitus, ad fundum uſque demerſus, ibi ſe diu retinere poteſt; quin reluctante ſeipſo ac renitente, ad ſummas aquarum bis terve aſcendit. Quæ quidem omnia apertè docent hominem natare ſummis aquarum, adminiculo naturæ.*

Un

Un homme, qui se noye, perd la tête; il se débat irrégulièrement, en luttant contre la mort. Si ses impulsions le dirigent ou le portent à la surface, il y revient; s'il refoule l'eau de haut en bas, il replonge, & ainsi plusieurs fois de suite, jusqu'à la suffocation.

Après la mort survient la putréfaction. Alors les humeurs fermentantes enflent le cadavre, ou lui donnent plus de volume; répondant, par-là, à une plus grande masse d'eau, il en est renvoyé comme plus léger; & c'est la seule & unique raison, pour laquelle les cadavres surnagent; jusqu'à ce que ces humeurs en expansion, s'échappant enfin par les pores, les crevasses ou les ruptures, le réduisent à un plus petit volume, qui le précipite à fond, ſans retour.

Le Lecteur s'eſt apperçu, ſans doute, qu'on ne peut tirer, de ſemblables Auteurs, que des idées vagues, indéterminées, faſtidieuſes. Je vais donc me hâter de finir cet article, par un Ecrivain malheureuſement plus ſtérile encore que les précédents.

L'art de nager par Nicolas Wynman, Hollandais.

Cet Auteur, Profeſſeur de Langues, à Ingolſtad, en Bavière, publia, en Latin, vers l'an 1538, un fort petit livre, intitulé, *Colymbetes* (1), *ſive de arte natandi dia-*

(1) Mot Grec, dérivé du verbe *Colymbao*, *nato*, *aquas ſubeo*; je nage, je vais ſous les eaux.

logus, *& festivus & jucundus lectu*, ut ait ipsemet Auctor. Sans nom d'Imprimeur, sans lieu d'impression, sans chapitres, sans paragraphes, & même sans numéro de pages.

On ne doit pas attendre grand'-chose d'un Ecrivain, qui a la bonhomie d'annoncer, lui-même, son travail sur l'*art de nager*, *comme un dialogue jovial & agréable à lire*.

Je ne connois rien au monde de si plat, de si trivial, de si rustique. Ses digressions historiques ne sont presque jamais de son sujet, ou n'y rentrent point. Ce sont des fables, des superstitions, des triviales & fastidieuses moralités. Il n'y a pas une seule observation originale; si ce n'est, peut-être, au folio 10, où il dit expressément, *juvabat*, *nescio quo pacto*, *meum conatum aqua calida*, *quæ facilius ſublevat corpus innatans, quam frigida. Verè ne iſtuc? Vel experto crede*, &c. Ce qui ſignifie, « je » ne ſçais comment mes efforts » étoient moins favoriſés par l'eau » froide que par l'eau chaude, qui » ſoulève ou porte le corps nageant » avec plus de facilité. Cela eſt-il » bien vrai? Vous pouvez m'en » croire; j'en ai fait l'expérience ».

A-t-elle été bien faite? J'en doute fort; mais ce dont je ne doute aucunement, c'eſt du plaiſir qu'a le Lecteur de voir finir une hiſtoire ſi dénuée d'inſtructions ſolides.

A préſent que nous voilà inſtruits de la conſtruction, des effets, & des uſages du Scaphandre, il eſt naturel de porter plus loin ſa curioſité. Le moyen de marcher, tout debout, dans les eaux les plus profondes & les plus rapides, comme d'y faire, à flot, toutes ſortes de manœuvres, à ſon aiſe, pourroit bien être, dira-t-on, un art abſolument nouveau. Avant cette invention, les petits bateaux ont pourvu, en partie, à tout cela ; ſi ce n'eſt qu'on n'en a pas toujours à ſa portée, qu'ils ſont beaucoup plus embarraſſants, & qu'ils peuvent être ſubmergés.

Mais ſeroit-il poſſible que les hommes, qui ont eu, de tout tems, un ſi grand intérêt à parcourir les rivières & les mers, n'euſſent rien imaginé de ſolide, avant le milieu du dix-huitième ſiècle, pour aſſurer leur vie contre des dangers, qu'ils y trouvent de toutes parts ? On en va juger par l'hiſtoire courte, ſimple & très-fidelle des tentatives, qui ont précédé mon travail, & faites dans les mêmes vues que moi.

Histoire des travaux, sur le même sujet, qui ont précédé celui de l'Auteur.

Cette histoire, sans être abrégée, ne sçauroit être longue. Nous ne serons point obligés de parcourir plusieurs milliers de siècles. En remontant de proche en proche, de la présente année 1773 (1), nous n'irons pas plus loin que 1741. Ce que l'on proposa, sous Louis XIV, de porter dans la poche (d'où il n'est jamais sorti) le secret de passer, sans péril, les plus grands fleuves & les mers les plus dangereuses, ne doit

---

(1) J'écris ceci le 6e Juillet 1773.

être d'aucune considération. Je n'en dirai qu'un mot, pour indiquer comment cela se peut faire, & le dégré de confiance que cela mérite. Nous ne verrons passer en revue que cinq personnes, un Anglais, trois Français & un Allemand.

Jacket ou Jaquette de M. Wilkinson, Anglais.

Lorsque l'Académie des Sciences m'eut fait l'honneur, en 1766, d'approuver le travail de mon Scaphandre, on m'opposa les *Jaquettes Anglaises*, faites dans les mêmes vues que moi. M. Montaudoin, de Nantes, qui sçait si bien partager son tems, entre les Sciences & le Commerce, eut la complaisance de m'en apporter, lui-même, un modèle. Je jugeai, ſur le champ, à la ſimple vue, que je n'en pourrois abſolument rien faire, & que les nageurs étoient les ſeuls, qui en puſſent tirer quelque ſecours.

Ce jugement fut bien confirmé, en 1767, par les Anglais mêmes. Nous eûmes, cette année là, une traduction Françaiſe d'un *Voyage autour du monde, fait, en 1764 & 1765, ſur le Dauphin, commandé par le Chef d'Eſcadre Byron*. Chez Molini, Libraire, à Paris. Vous y trouverez, aux pages 216 & 217, le paſſage qui ſuit : « Le 26 Mars 1765, il re- » connut l'Iſle Maſa-Fuero.... Quel- » ques jours après, c'eſt-à-dire, du » 26 au 30, pendant qu'on alloit » prendre de l'eau pour la proviſion » du vaiſſeau, les Matelots, com- » mandés pour cela, avoient ordre

» de mettre des Jaquettes de Liége, » lorſque la Houle étoit forte, pour » aller & venir, en nageant des » canots à la côte, & de la côte » aux canots. Notre Commodore ne » vouloit pas permettre qu'ils ſe » miſſent à l'eau, ſans ce ſecours, » qui garantit du danger de ſe noyer; » pourvu qu'on ait ſeulement l'at- » tention de tenir la tête hors de » l'eau; ce qui eſt aiſé à obſerver ».

Si les Jaquettes Anglaiſes avoient été bien conçues & bien faites, l'attention de ſe *tenir la tête hors de l'eau* n'eût pas eu beſoin d'être recommandée. J'en ai vu moi-même l'expérience dans un nageur, qui en étoit revêtu. Il ne pouvoit ſe tenir debout; l'eau lui paſſoit le menton. Il falloit qu'il en revînt à la méthode ordinaire de nager ſur le ventre ou ſur le dos. Ce qui eſt bien différent des effets de mon Scaphandre, avec lequel on a l'avantage de marcher & de manœuvrer, tout debout, au milieu des eaux les plus profondes, ſans pouvoir enfoncer que juſque vers la région des mamelles.

Au reſte, M. Wilkinſon, qui n'a publié, là-deſſus, ni principes, ni conſtruction, ne ſe dit point, & n'eſt point véritablement le premier inventeur de ces Jaquettes; il y en avoit, en France, avant les ſiennes. Feu M. de Mairan, un des Commiſſaires de l'Académie des Sciences, nommés pour juger de la conſtruction & des effets de mon Scaphandre, me communiqua, le premier Septembre 1765, un extrait des Regiſtres de cette Académie, du 30e Juillet 1757, concernant un moyen de se soutenir sur l'eau, proposé par M. Gélaci, pour empêcher de se noyer.

Habit de M. Gélaci, Français.

Au lieu d'écailles, qui couvriroient un Gilet, supposez-le revêtu de morceaux de Liége équarris, qui n'y tiennent que par un bord ou par une petite face, sur laquelle ils puissent se mouvoir, comme sur une charnière ; afin qu'étant à flot, ils prennent & conservent une position horizontale ; de manière qu'alors l'habit en paroisse tout hérissé, & vous aurez une parfaite idée de cette invention.

M. Wilkinson n'a de commun avec M. Gélaci, que les vues & le Liége, dont tous les Pêcheurs se ſervoient bien avant eux, pour ſoutenir la plus grande partie de leurs filets. Cette nouvelle conſtruction paroît n'avoir été guidée par aucune théorie. L'Auteur a cru que ces morceaux de Liége devoient flotter dans l'eau horizontalement. C'eſt la ſource de pluſieurs défauts dans ſa machine.

1°. Le Liége, quand on fait uſage de cet Habit, ſe tourmente beaucoup ſur ſes charnières, par les impulſions irrégulières de l'eau, d'où s'en ſuit une aſſez prompte deſtruction.

2°. Ces Liéges, flottans & ballottans, ſont expoſés à s'accrocher à d'autres corps, au grand préjudice de l'eſſayeur ou du nageur.

3°. Ils préſentent un trop grand nombre de ſurfaces dans le mouvement de progreſſion, & là rendent par-là très-difficile. On fit très-bien, quand on l'eſſaya, de prendre un homme, qui ſçavoit nager; autrement, à peine eût-il pu ſortir de ſa place, dans une eau ſtagnante, & il y eût fait bien difficilement des tours de converſion.

Ajoutez à cela que les dimenſions de ſes pièces de Liége & leur peſanteur ne ſont déterminées par aucun principe. On ne ſçait ſur quoi ſe régler, pour conſtruire de ſemblables machines. Auſſi la ſienne eſt-elle reſtée là.

Il faut pourtant convenir que cette imagination eſt aſſez originale, & qu'elle ne paroît copiée ſur perſonne; au lieu que celle de M. Wilkinſon, ainſi que la Soubreveſte de Liége du ſieur Bonal, dont nous allons parler, ne peuvent avoir, de ce côté-là, aucune prétention bien fondée.

Soubreveſte de Liége du ſieur Bonal, Français, habitant de Dieppe.

Le ſieur Bonal, fils de l'Auteur prétendu de cette Soubreveſte, cria beaucoup contre M. Wilkinſon & moi, au mois d'Octobre 1765, que les expériences de mon Scaphandre commençoient à faire du bruit. On m'en communiqua une lettre, dont je garde l'original, conçu en ces termes :

MONSIEUR,

« Depuis plus de quarante année, » mon pere a penſſé húmainement a » ſauvér la vie dés homme dans lés

» naufrage, nous ſomme porteur
» dés ſértificquas de la Cour qui
» prouve ſe lon travail. Cequi fait
» que ſeuſſe que vous manonſſé ne
» trouvéſron auccune plaſſe dans le
» ſain de la vérité, éttans de droit
» regardé comme dés impoſteur;
» cette houvraje ne méritte pas
» avoir un pere remply de viſſe,
» ſependans pluſieurs chargé du
» crimme danvie veulle comme
» vous me marqué prendre cette
» qualité, je ſerai tousjour récla-
» mant contre cés ſorte de pér-
» ſonnes comme ſoutien dés droiſt
» paſtérnélles; je ne peux pour le
» preſent méſtandre plus loin; & ſy
» ma preſenſſe vous étét agréable,
» je vous prie Monſieur de me le
» marquér je compte eſtre ſoupeux
» a Paris je vous diray de vive voi

» la dreſſe pour avoir de cés machine & leur prit ficce ».

J'ay l'honneur de vous préſentér touſte més reſpéc, &c... *Signé*... BONAL, *fils*, Marchand à Dieppe; & pour date, de Dieppe ce 24e Octobre 1765. Elle eſt adreſſée à Mr Charle, rue des Jeuneurs, à Paris.

Cette lettre ne montre encore que des plaintes générales : mais le nom des prétendus Plagiaires eſt bien éxactement prononcé, dans une Gazette de Commerce de cette année-là. Voici la réponſe, que je fis, ſur le champ, à l'Auteur de cette Gazette, le 24e Octobre 1765.

MONSIEUR,

Dans la Gazette du Commerce, du Mardi, 22e Octobre de cette année

année, le sieur Bonal, se disant Marchand à Dieppe, nous fait une imputation à M. Wilkinson, Anglais, & à moi, qui suis de France, comme si nous avions copié une *Soubreveste de Liége*, de la prétendue invention de son père.

J'ai oui parler, mais je n'ai aucune connoissance (1) du travail de M. Wilkinson. Quant au mien, je déclare publiquement, puisque l'on m'y force, & je proteste que je suis l'Auteur, & le seul Auteur de mon *Scaphandre*; que je n'ai copié personne, ni eu aucun modèle devant les yeux. La cupidité, la jalousie, ou l'envie de contredire peuvent m'en accuser, mais elles ne pourront jamais m'en convaincre.

(1) Je l'ai connu depuis.

1°. Pour confirmer des vues théoriques, j'ai fait des expériences dans la Seine, au-dessus de Paris, pendant trois ou quatre mois de cette année. Messieurs de l'Académie Royale des Sciences m'ont fait l'honneur de nommer des Commissaires pour en juger. Leur rapport n'est pas fait (1); toutes mes expériences ne sont pas consommées, à beaucoup près; celles que j'ai faites, je ne les ai point rendues publiques, ni par la voie des manuscrits, ni par celle de l'impression; il ne m'a pas été possible de les cacher absolument. Quelques Gazettes, quelques Annonces en ont parlé, sans mon attache, & contre mon aveu. Le sieur Bonal m'inculpe donc sur quelques

(1) Il a été favorable.

bruits publics, sans aucun éxamen personnel, & c'est le premier vice de son imputation.

2°. Vous employez le Liége, dit le sieur Bonal, & ma Soubreveste est de Liége?

Il n'y a que Dieu, Auteur du Liége. La matière première appartient à tout le monde. Les draps d'Elbœuf, de Lodève, de Van-Robais, &c. sont tous de laine, & néanmoins fort différents. Le Louvre & l'Hôtel-de-Ville de Paris sont bâtis de pierres, une Barque de Pêcheur & un vaisseau de guerre sont également de bois. Le Louvre a-t-il été copié sur l'Hôtel-de-Ville, & le vaisseau de guerre sur la Barque?

3°. Le sieur Bonal prétend que sa Soubreveste est inventée depuis près de dix-sept ans, c'est-à-dire, vers

1748, & qu'ainsi je ne suis pas l'inventeur de mon Scaphandre.

J'ignore si l'on concèvra cette conclusion : mais tous les Sçavans conviennent aujourd'hui que Newton & Léibnitz sont également inventeurs du *Calcul différentiel.* Messieurs Boulduc & Geoffroi, Chymistes, trouvèrent le *Sel de Seignette*, sans avoir eu aucune connoissance du travail l'un de l'autre. On découvroit, en Europe, l'Imprimerie & la Poudre à canon, lorsque les Chinois en étoient en possession, depuis un assez grand nombre de siècles. L'invention d'un Particulier sur un sujet, n'est donc pas incompatible avec celle d'un autre sur le même sujet.

4°. J'ai, depuis dix-sept ans, un privilége exclusif, renouvellé depuis six, ajoute le sieur Bonal, pour la construction & la vente des Soubrevestes de Liége.

Un privilége exclusif? Pour sa prétendue Soubreveste, sans doute; mais non pas pour mon Scaphandre ni contre. Il n'y a point de privilége, bien entendu, qui défende de faire autrement & mieux qu'un autre.

5°. Quand j'ai dit, répliquera le sieur Bonal, que les sieurs Wilkinson & la Chapelle n'étoient pas inventeurs des Habits de Liége, j'ai entendu qu'ils n'étoient pas les *premiers* inventeurs; que mon père les a trouvés avant eux, & l'on ne peut pas trouver ce qui est trouvé.

Le sieur Bonal se trompe de tous points. Je ne suis pas le premier inventeur de ses Soubrevestes de Liége; mais je le suis de mon Scaphandre. Cependant je puis avoir trouvé ce qui étoit trouvé, comme je puis penser ce que l'on a pensé.

Suivant le raisonnement du sieur Bonal, son père n'est pas l'inventeur de sa Soubreveste. Les Pêcheurs se servent de Liége, pour soutenir leurs filets dans l'eau; tous les jeunes gens de Dieppe apprennent à nager avec du Liége. Cela est connu de tout le monde : mais, ce qui ne l'est pas de même, sans doute, est un livret *in*-12, d'environ 70 pages, intitulé l'*art de nager*, par Jean-Frédéric Backstrom (1), imprimé à Amsterdam, chez Zacharie Chatelain, en 1741, dans lequel la Sou-

(1) Dans cette même lettre, publiée par la Gazette du Commerce, au lieu de *Backstrom*, il y a *Fluys*, qui m'avoit été d'abord indiqué par inadvertance.

breveſte du ſieur Bonal eſt très-clairement & très-éxactement décrite, plus de ſix ans avant l'époque du privilége de cet Auteur prétendu, qui l'a produite, ſans mettre à profit tous ſes avantages, comme je le ferai voir bientôt. Il y a joint des nageoires auſſi mal conçues que mal appliquées; de manière que ſa prétendue invention n'eſt qu'un pur plagiat, & un tatonnement aveugle, dénué de toute théorie.

Je ſuis, &c. A Paris, ce 24e Octobre 1765.

La Soubreveſte du ſieur Bonal ne diffère guère de la Jaquette de M. Wilkinſon. Très-peu de perſonnes peuvent ſe tenir debout, à flot, avec l'une & l'autre, & encore moins y faire de grandes manœuvres. Le ſieur Bonal n'ayant aucune connoiſſance de Phyſique, d'Hydroſtatique, ni du corps humain, n'avoit rien prévu, ni pourvu à rien. Il eût fallu des contrepoids; & l'on voit évidemment, en conſidérant bien ſon travail, que, ſi on ne lui en avoit pas ſuggéré l'idée, il n'eût pas eu même aſſez d'induſtrie, pour être un mauvais modèle.

Son fils avoit indiqué un magaſin de ſes Soubreveſtes, rue S. Denis. Le Magaſinier, qui m'en montroit une, me dit qu'il n'en avoit jamais eu d'autre, & que jamais on ne lui en avoit demandé. Je le crois bien. En mer, où les expériences ſont bien plus favorables que dans les rivières, M. le Marquis de Cruſſol-d'Amboiſe, alors Colonel du Régiment de la Reine, Infanterie, m'a dit qu'en 1759, étant à Dieppe, il avoit essayé une de ces Soubrevestes, & avoit jugé qu'à la longue on seroit incommodé de leur suspension. Des Officiers de ce Régiment, qui essayèrent aussi, en sa présence, ce même corselet, pensèrent y faire la culbute. Cela arrivera toujours à ceux qui, en pareil cas, n'auront pas la plus grande attention au *Centre de Gravité* du corps humain.

M. le Comte de Puységur travailloit, dans le même tems, à faire construire des corselets de Liége ; mais avec des vues bien plus étendues ; ainsi que j'en ai déja présenté quelques traits.

Ceinture de Liége de M. le Comte de Puyſégur, Français, Lieutenant-Général des Armees du Roi de France.

Je reviens à la lettre, que cet Officier général me fit l'honneur de m'écrire, le 19e Septembre 1765, où il a la complaiſance de m'expoſer tout le détail de ſon procédé ſur ce ſujet. « L'hyver de 1747 à 1748, » le haſard, dit M. le Comte de » Puyſégur, me fit tomber ſous la » main un livret *in*-12, intitulé fort » improprement l'*art de nager*. L'Au» teur fait, de bonne foi, cette » mauvaiſe plaiſanterie ſur le motif » de ſon ouvrage : il paroît ne l'a» voir entrepris qu'à cauſe de la » ſignification de ſon nom (Bach-

» ſtrom), qui ſignifie, en langue » Allemande, *le courant d'une rivière*, » à ce qu'il dit. Il s'eſt cru obligé de » publier les moyens de ne jamais » aller au fond de l'eau.

» Le réſultat de toutes ſes recher- » ches & des efforts de ſon imagi- » nation ne conſiſte que dans un » habillement de Liége, du poids » d'environ dix livres, renfermé » dans de la toile, en forme de » *corſet*, *pourpoint*, *camiſole*, *gilet*, » *veſte* ou *cuiraſſe*, qui ſoutient un » homme dans l'eau, ayant la tête » & le haut des épaules dehors....

» Je penſai que l'on pouvoit ſe » ſervir de cette idée (on a vu plus » haut pour quel uſage). L'année » ſuivante, je me rappellai ce projet, » que j'éxécutai avec aſſez de peine. » Je fis faire un corſet ou cuiraſſe de

» Liége (1), & elle produisit l'effet, » que je m'en étois promis, mais » dans l'eau dormante ; car, dans » une rivière rapide, j'ai reconnu » que, pour se tenir debout, sans » se mouiller la tête, il falloit un » certain poids aux pieds (2). Je » commençai alors à perfectionner » l'ouvrage, & fis joindre aux sou- » liers deux semelles de plomb, du » poids d'une livre chacune.

» J'éprouvai un nouvel inconvé- » nient. La cuirasse tendant à re- » monter, & le corps à descendre, » elle s'élevoit sous le menton & » sous les bras, de façon à empê-

(1) L'Auteur ne m'en a pas communiqué la construction.

(2) C'est un très-grand inconvénient ; ainsi que je l'ai fait voir dans la note de la page 43.

» cher ceux-ci d'agir (1). J'y ai re-
» médié, en faisant faire ce qu'on
» appelle à présent un *Pantalon* (ce
» sont des bas & des culottes tenant
» ensemble); je fis attacher des
» courroies à la ceinture, que l'on
» boucloit à la cuirasse. Par ce
» moyen, en entrant dans l'eau,
» on pouvoit plus ou moins l'ab-
» baisser.... On peut, en arrivant
» à terre, lâcher ses courroies plus
» ou moins, par le moyen des

(1) La Suspensoire, dont je me sers, produit des avantages, qu'on ne trouve point dans le Pantalon de M. le Comte de Puységur ou du sieur Backstrom; car, indépendamment qu'elle empêche le Scaphandre de remonter qu'à un dégré convenable, elle sert de contrepoids à la partie antérieure du corps, dans le tems de certaines manœuvres, page 147, de plastron au Soldat, & convient à toutes les tailles.

» boucles, & marcher ou ſe baiſſer
» à ſon aiſe.

» En 1756, j'allai, un jour, à la
» rade de Granville en chaloupe,
» au moment de la marrée baſſe.
» Je me jettai à la mer avec mon
» corſet, & le flot montant me ra-
» mena au rivage, ſans peine, ſans
» fatigue, & ſans avoir eu la tête
» mouillée. Je pris ſeulement mes
» précautions, pour avoir le moins
» que je pourrois de ſpectateurs,
» de tout le Camp de Granville, que
» je commandois alors.

» Pour pouvoir tirer parti des
» armes dans l'eau, j'ai fait conſ-
» truire un bonnet, une ſorte de
» caſque de fer blanc, auquel le
» fuſil eſt attaché par la ſous-garde.
» Le bout du canon, que l'on a ſoin
» de bien boucher avec du Liége,

» pend dans l'eau, & la crosse est
» en l'air attachée au bonnet, qui,
» par sa structure, contient les car-
» touches & le linge, propres à
» charger & nétoyer le fusil.

» Pour le faire plus commodé-
» ment, j'ai arrangé une petite
» cassette de Liége, doublée d'une
» légère feuille de plomb, que l'on
» traîne avec une ficelle. Cette cas-
» sette sert à appuyer la crosse du
» fusil, pendant qu'on le charge.

» Au lieu de pourpoint, je me
» suis à présent borné à une cein-
» ture de Liége, large de huit pouces
» sur six d'épaisseur, pèsant treize li-
» vres, attachée également à un *Pan-*
» *talon*, avec trois livres de plomb
» aux souliers (1). La ceinture est

(1) Voyez-en les inconvéniens dans la note de la page 43.

» aussi soutenue par des bandelettes
» au-dessus des épaules; de façon
» que, si quelqu'accident renversoit
» le flotteur dans l'eau, cul par-
» dessus tête, cette ceinture ne pût
» sortir par les pieds, & faire sé-
» paration de corps avec lui, &c. »

M. le Comte de Puységur ajoute, qu'avec cet accoutrement, il a flotté, en 1762, dans le bassin de Dunkerque, en présence de Messieurs le Comte d'Hérouville & le Chevalier d'Arci, & non-seulement marché avec aisance dans l'eau, mais fait encore, avec un fusil, tout l'éxercice pour charger & tirer. Ce qui m'a été confirmé par le même M. le Chevalier d'Arci, de l'Académie Royale des Sciences.

Voilà comment une très-simple idée germe, prospère & fleurit dans les

les bonnes têtes. Mais cette eſpèce d'anneau, ſaillant de ſix pouces, ſeroit incommode dans bien des cas ; il éloigneroit trop de certaines manœuvres, qui éxigent que l'on ſoit tout près. Comme l'appareil du Pantalon eſt néceſſaire, pour retenir cet anneau ferme autour du corps, le tems, que cela demanderoit pour l'ajuſter, exposeroit les hommes à la perte de leur vie, dans un beſoin preſſant. Cet accoutrement ne défendroit point la poitrine du Soldat contre les coups de fuſil, & l'on ne ſeroit pas à ſon aiſe, à flot, dans toute autre poſition que la verticale ; enfin, trois livres de contre-poids aux pieds ſont un embarras & une ſurcharge inutiles, quand on peut être Leſté dans l'eau, par la ſeule conſtruction du corſelet, qui y fait flotter.

Cependant on voit, avec plaiſir, les expédients & les reſſources du génie de M. le Comte de Puyſégur. Dès qu'il fut à portée, il me fit l'honneur de venir chez moi, pour bien éxaminer la conſtruction de mon Scaphandre, & quelques jours après j'en reçus la lettre ſuivante.

« J'ai vu, Monſieur, avec grand » plaiſir, votre habillement de Liége. » Il eſt beaucoup mieux fait que ceux » dont je me ſuis ſervi. Je vous » exhorte à faire les différentes ex- » périences, dont je vous ai parlé, » & vous pouvez faire tel uſage que » vous voudrez de la lettre, où je » vous les ai détaillées. Je ne négli- » gerai pas de me rendre au lieu, » où je ſçaurai que vous ferez vos » expériences. *Signé*, PUYSÉGUR. » A Paris, le 26e Novembre 1766 ».

Il bien plus aiſé d'accuſer que de prouver. Si le ſieur Bonal eût imité, ſeulement de loin, les procédés de M. le Comte de Puyſégur, il eût évité l'humiliation, à laquelle ſon imputation publique va me forcer de le réduire, en faiſant voir que, ſix ou ſept ans avant qu'il fut queſtion de ſa Soubreveſte, on en trouvoit un modèle dans un livret, imprimé en 1741, de la compoſition du ſieur Backſtrom, Allemand.

Cuiraſſe de Liége du ſieur Bachſtrom, Allemand, Docteur en Médecine.

On la trouve indiquée, en aſſez peu de mots, dans un livret *in*-12, de 69 à 70 pages, le ſeul ouvrage, de ma connoiſſance, publié ſur cette matière. Il a pour titre l'*art de nager*, *ou invention à l'aide de laquelle on peut toujours ſe ſauver du naufrage, &, en cas de beſoin, faire paſſer les plus larges rivières à des armées entières.* Par Jean-Frédéric Bachſtrom, Docteur en Médecine, & Directeur général des Fabriques de Son Alteſſe Séréniſſime Madame la Ducheſſe de Radziwill, Grande Chancelière de Lithuanie. A Amſterdam, chez Zacharie Chatelain, 1741.

Quoique ce livret n'ait contribué en rien à l'invention ni à la perfection de mon Scaphandre, imaginé & conſtruit avant ma lecture de cet ouvrage, il faut avoir la bonne foi de convenir, qu'il eſt rempli de fort bonnes vues, ſur la matière que je traite ici. M. le Comte de Puyſégur en a tiré un excellent parti. Que l'on n'en ſoit point ſurpris; le ſieur Bachſtrom étoit Médecin, Mathématicien, Ingénieur. Il avoit la vraie & la seule balance, pour apprécier des idées de cette nature : mais on le voit, avec peine, se plaindre du défaut d'aisance, qui mettoit de si cruelles entraves à son génie, en ne lui permettant pas d'en confirmer les vues, par un assez grand nombre d'expériences. Afin d'aller plus vîte, dans son ouvrage, il s'est dispensé de la méthode, des développemens & de la précision.

Mettez deux plaques de Liége sur le dos, sans descendre plus bas que les reins, deux autres sur la poitrine, croisées en forme de camisole, qui ne passent pas le dessous du ventre ; appliquez-en quelques morceaux sous les aisselles & sur les épaules ; liez toutes ces pièces enſemble, pèſant environ dix livres, & mettez-les entre deux groſſes toiles; leur réünion formera une eſpèce de cuiraſſe, que vous attacherez, quand vous en ſerez revêtu, à la ceinture d'un grand Pantalon, qui deſcende juſqu'au-deſſous des pieds, pour qu'étant à flot, la cuiraſſe ne vienne pas embarraſſer les aiſſelles & le menton. Si elle eſt deſtinée pour des Soldats, laiſſez-en les plaques entières; les balles de fuſil n'y feront rien. Voulez-vous qu'elle ſerve à des Matelots? Rompez-la en petites pièces, afin qu'elle ſe prête aux mouvemens qu'éxigent leurs manœuvres. Vous avez, dans ce petit nombre de lignes, toute la conſtruction, le détail & les developpemens de la cuiraſſe de Liége du Sr Bachſtrom. Où l'on voit qu'il n'y a là aucune doctrine, c'est-à-dire, aucuns principes, qui conduisent, par des règles certaines, à une construction sûre, dans laquelle on doit exposer le choix de la matière, les dimensions & le nombre de ses différentes pièces, leur équilibre, la manière de les arranger, d'en assurer tout l'assemblage ; en un mot, une suite bien développée d'opérations, d'après lesquelles on puisse obtenir un résultat, qui réponde aux grandes promesses de l'Auteur.

Aussi toutes les bonnes vues, répandues dans ce très-petit ouvrage, ont-elles été absolument négligées, & même, en quelque sorte, oubliées de la part du Public.

On n'en auroit jamais vu de modèle, sans le sieur Bonal, qui en a voulu faire un secret, n'ayant jamais osé, disons mieux, n'ayant jamais pu produire là dessus aucun germe de théorie & de construction.

Le Pantalon du sieur Bachstrom, imaginé uniquement pour retenir sa cuirasse sur le corps, & l'empêcher de remonter, dans la crainte d'embarrasser les bras, a le même inconvénient que les contrepoids; dans un danger pressant, on n'auroit ni le tems de le chausser, ni celui de l'ajuster à la cuirasse, laquelle pourtant rendroit, sans cela, de très-petits services, & apporteroit beaucoup d'incommodité à celui qui en seroit revêtu; au lieu que la Suspensoire, tenant à mon Scaphandre, n'éxige pas vingt secondes de préparatifs, pour assurer cet habit contre tous les inconvénients.

Cependant la Soubreveste du sieur

Bonal, qui auroit dû perfectionner la cuiraſſe du Docteur Bachſtrom, eſt éxactement la même choſe; elle n'eſt pas même ſi bien contenue ſur le corps; au lieu du Pantalon de celui-ci, ce ſont des cordes qui l'attachent aux cuiſſes, & en gênent les mouvemens. Ses nageoires ſont deux demi-ſphères creuſes, comme deux écuelles ou deux ſebilles, ſi embarraſſantes pour les mains, les poignets & les bras, qu'à peine on peut les remuer. Le ſieur Bachſtrom en avoit pourtant recommandé en forme de pieds de canard, qui ſont, pour cet objet, ce qu'il y a au monde de plus fléxible.

Le ſieur Bonal a donc trompé le Miniſtère public, en ſollicitant le privilége excluſif qu'il a obtenu, ſur le prétexte ou l'allégation, qu'il étoit le premier inventeur des Soubreveftes de Liége, dont il y avoit pourtant une figure dans un livre, publié fix ou fept ans avant cette prétendue invention. La modeftie, fi décente même dans les fuccès, fied encore mieux dans l'ignorance. On eût pu lui fçavoir gré d'avoir imité celle de l'original, dont il n'eft qu'une copie fi imparfaite.

« Je n'ai pas affez de vanité, dit » le fieur Bachftrom, pages 20 & 21 » de fon livret, pour me regarder » ici comme l'Auteur de cette in» vention; mais j'avouerai ingénue» ment que ce fut un jeune garçon » d'Amfterdam, qui me fit trouver ce » que j'avois cherché, depuis fi long» tems, avec tant d'empreffement. » Il avoit du bois de Liége, coupé en » forme d'affiettes de diverfes gran-

» deurs. De ces morceaux de Liége, » percés dans leur centre, cet enfant » avoit composé deux corps coni- » ques, qu'il avoit enfin attachés » aux deux bouts d'une cordre, sur » laquelle s'étant mis avec sa poi- » trine, il traversa, en nageant, un » des canaux de cette Ville ».

De cette imagination du jeune homme à la cuirasse du sieur Bachstrom, il y a assez loin : mais des germes, imperceptibles au commun des hommes, se développent & mûrissent dans le sein du génie; assez souvent même une production se manifeste à lui, par cela seul qu'on en fait un secret; ainsi que le livret suivant pourroit en offrir un exemple. Ce ne sera qu'un épisode; la simple annonce d'une découverte, sans aucun modèle ni explication, ne contribuant aucunement à l'hiſtoire des Arts.

Naufrage ſans péril.

En 1675, le Chevalier de Lanquer, Penſionné de Portugal, en tems de paix & de guerre, fit imprimer un très-petit *in*-12, d'une trentaine de pages, ſous le titre de *Naufrage ſans péril*, dans lequel il propoſe une machine, que l'on peut porter dans ſa poche (mais dont il tait ou cèle la conſtruction), avec laquelle on peut, ſans mouiller ſes habits ni ſes armes, & ſans contracter aucun froid, paſſer les fleuves les plus profonds, & ſe ſauver de tous les naufrages en mer, ſans pouvoir ſe noyer.

Il dit qu'il a fait l'expérience de

cette invention devant Louis XIV, qui lui accorda des Lettres patentes pour faire conſtruire & vendre ſes machines, à l'excluſion de tous autres. Meſſieurs d'Étrées & Sainte-Colombe, de ce tems-là, y ſont cités, comme des témoins très-connoiſſeurs en ce genre.

Je n'ai vu, dans ce très-petit livre, qu'une pure annonce, ſans aucune récompenſe de la part de Louis XIV, qui devoit en retirer de très-grands avantages; il eſt donc plus que vraiſemblable que la conſtruction de cette machine étoit très-difficile, ou très-diſpendieuſe, ou ſujette à de très-grandes & très-fréquentes réparations; au point qu'elle eſt abſolument reſtée *dans la poche*, où il vouloit la mettre.

Puiſque cette machine pouvoit ſe

porter dans la poche, je soupçonne que l'air étoit la principale matière de sa composition, & que les habits étoient faits de plumes ou de duvet, impénétrables à l'eau, comme on le voit aux oiseaux aquatiques, que l'eau baigne sans les mouiller.

Mais une pointe, une épingle, une aiguille, une épée, une balle de fusil, &c. peuvent rendre, tout-à-coup, inutile & même très-dangereuse une pareille machine à vent; & les habits de duvet à construire seroient d'une très-difficile & très-dispendieuse éxécution. Voilà, sans doute, les puissantes raisons, qui ont empêché l'adoption de cette découverte, qui pourroit bien aussi n'avoir été qu'un tour d'adresse.

Pour moi, je ne fais point, &

n'ai jamais fait un ſecret de mon Scaphandre. Quoique j'en ſois bien réellement l'inventeur, je ne ſuis pourtant pas, comme l'on voit, le premier qui ait imaginé & conſtruit des corſelets de Liége; mais l'éxamen que j'en ai fait, après avoir terminé & corrigé mon travail, ſur mes propres réfléxions, n'y a cauſé ni changement ni perfection.

Des projets de voyages, l'emploi du Liége par les Pêcheurs, & par ceux qui apprennent à nager, quelques converſations là-deſſus avec M. de Saint-Martin, alors Capitaine de vaiſſeau pour la Compagnie des Indes, tournèrent mes penſées vers cet objet. Je me mis à l'ouvrage; l'érudition vint enſuite. J'y appris quelques faits, ſans perfectionner mes idées. Si quelqu'un veut, à présent, se les arroger, qu'il en prenne & m'en laisse tout ce qu'il voudra. Le Public aimera mieux me voir occupé de lui être utile, que de la basse & frivole vanité de la dispute.

Fin du Traité du Scaphandre.

EXPLICATION

DES Figures, contenues dans les quatre Planches du Traité de la construction théorique & pratique du Scaphandre, ou du Bateau de l'homme.

Explication des Figures de la première Planche.

LA figure 1 montre les trois morceaux, dont chaque pièce de Liége peut être composée. Presque toujours deux morceaux suffisent. Page 56 & suiv.

On voit, dans la figure 2, une *Épure* (mot qui vient d'*épurer*, *mettre au net*), c'est-à-dire, un dessin, sur lequel on peut prendre les mesures nécessaires, pour la construction de la carcasse, du squelette ou de la charpente d'un Scaphandre, à quatre panneaux. Chacun d'eux est entouré d'une ligne forte. La toile, qui les dépasse, est pour les remplis. La plus grande largeur de chaque Panneau antérieur est mesurée par trois pièces de Liége & une demi-pièce, & celle de chaque Panneau postérieur l'est par quatre pièces entières, longues, larges & épaisses de deux pouces & demi. Page 74 & suiv.

La figure 3 fait voir le nœud de la ficelle, passée en diagonale, pour attacher & bien assurer chaque pièce de Liége sur la première toile. Page 80.

Par la quatrième figure est indiquée la diminution d'épaisseur dans les pièces de Liége, placées au-dessus de la ligne CD, (fig. 2), c'est-à-dire, des dix pouces, qui doivent être sous l'eau. Page 84 & 85.

Dans la cinquième figure, la pièce la plus supérieure d'une colonne, terminée au-dessous des échancrures ou des entournures du Scaphandre, est taillée en biseau ou en talus. Page 87 & 88.

La figure 6 laisse appercevoir la profondeur entre les colonnes, dans laquelle on doit faire plonger la toile destinée à les revêtir. Page 91.

La septième figure fait voir les quatre Panneaux d'un Scaphandre rapprochés. La plus grande largeur de chacun des antérieurs est mesurée par quatre pièces de Liége & une demi-pièce, & celle de chacun des postérieurs, par cinq pièces entières, longues de deux pouces, larges de même, & épaiſſes de deux pouces & un quart. Page 96.

La huitième figure repréſente une colonne, compoſée de ſes quatre pièces, tenant encore enſemble par une petite épaiſſeur, juſqu'où cette colonne eſt fendue; afin qu'en les mettant, toutes à la fois, ſur la toile, elles ſoient bien éxactement dans la ligne ou dans la direction qu'elles doivent avoir. Dès qu'elles y ſeront attachées avec de la ficelle, chacune ſéparément, pour peu que l'on appuye ſur les deux extrêmités de la colonne, les quatre pièces ſe caſſeront ou ſe ſépareront dans leurs lignes de diviſion. Pages 82 & 83.

On voit, dans la figure 9, une

colonne fendue en deux, ſuivant toute ſa longueur AB, paſſant par le milieu de ſon épaiſſeur CS; afin qu'il en réſulte deux demi-colonnes, diviſées chacune en quatre pièces, tenant enſemble comme dans la figure 8. Page 84.

Explication des Figures de la ſeconde Planche.

La figure 1 repréſente les quatre Panneaux du Scaphandre, vus à l'envers, réünis par des cordons, noués en roſette, au moyen deſquels cet habit peut s'élargir ou ſe rétrécir.

Les cordons, pendants ſupérieurement, ſont pour les épaulettes. En les ſerrant plus ou moins, le Scaphandre monte ou deſcend, &

ſe proportionne ainſi aux différentes tailles.

Les poſtérieurs-inférieurs MS ſont pour être noués avec les inférieurs de la Suſpenſoire, & les courroies inférieures-latérales BL ſont deſtinées à s'engager dans les boucles du Pantalon, avec lequel on peut marcher, à flot, tout debout, comme en terre ferme. Page 92 & ſuiv.

La figure 2 eſt le deſſin d'un pieu, traverſé ſupérieurement par un levier, & inférieurement formé en vis ou en tire-bouchon, afin de pouvoir l'introduire en terre, ſans bruit ou ſans frapper deſſus. Page 177.

La troiſième figure eſt l'image d'une riviere avec ſes bords, d'une corde traverſière CD, de ſon trajet

CMS, quand un corps de Troupes, qui s'y attache, eſt replié, par le courant, ſur la rive oppoſée RS. Page 178 & ſuiv.

Explication des Figures de la troiſième Planche.

La première figure repréſente un Pantalon terminé par un étrier BCD, fixe en D, & dont la partie libre CBL vient s'attacher aux boutons *s*, *x*, *y*. Les cordons LM, RP, ſervent, en les nouant, à fortifier la réſiſtance des boutons; & l'on voit, en T, une boucle, dans laquelle s'engage une courroie inférieure-latérale du Scaphandre, pour l'attacher au Pantalon. Page 113 & ſuiv.

La ſeconde figure eſt le deſſin de

la Suspensoire, qui sert à tenir le Scaphandre, sur le corps, aussi ferme que l'on veut. On voit, vers A, les cordons qui l'attachent à cet habit. AS en est la partie ouatée, qui passe entre les cuisses, & CL le Plastron, qui vient s'appliquer sur la poitrine, au haut de laquelle on l'arrête, au moyen des cordons placés en D, L. Page 106 & suiv.

La figure 3 est le dessin de la boucle T de la première figure. Il sera mieux que la traverse BC, c'est-à-dire, la partie de la boucle, sur laquelle tirera la courroie, soit roulante, afin de diminuer le frotement, autant qu'il sera possible. Page 93.

Par la figure 4 est représentée une nageoire, dont une main est revêtue. Les doigts en sont écartés, autant qu'il eſt poſſible, & leurs intervalles ſont remplis par des toiles, à la manière des pattes des oiſeaux aquatiques. Page 118 & ſuiv.

La cinquième figure montre une des portions antérieures du Pagne. Page 100 & ſuiv.

Explication des Figures de la quatrième Planche.

La première figure eſt la repréſentation d'un homme avec des ſouliers, un Pantalon à étriers, & un Scaphandre; dont la Suſpenſoire pendante CD ſe fait voir entre les cuiſſes & les jambes ouvertes, pour laiſſer à découvert la partie antérieure de cet habit, & montrer plus diſtinctement les boucles *r*, *s*, deſtinées à attacher le Plaſtron ſur la poitrine, moyennant des courroies, placées dans cette poſition de la Suſpenſoire, vers ſon extrêmité inférieure D. Pages 106 & 107.

La tête de cet homme eſt recouverte du Bonnet, que nous avons décrit, page 116 & ſuivantes, dont la partie ſupérieure eſt faite en bourſe à jetons, pour recevoir & ſerrer les munitions néceſſaires, quand on ſe propoſe des opérations qui en éxigent.

On voit, dans la ſeconde figure, un autre homme, qui tient ſes jambes pliées, pour faire le premier eſſai d'un Scaphandre. Il a commencé à les plier, quand l'eau, montée en AB, le mettoit près d'être à flot; alors le poids de ſon corps l'a fait plonger juſqu'en CD, d'où flottant parfaitement, il peut reprendre terre, à volonté. A l'endroit L est la boucle du Pantalon, qui l'attache au Scaphandre, moyennant une courroie latérale, dont nous avons parlé. Voyez page 127.

La troisième figure représente un *Scaphandrier*, armé de toutes pièces pour la chasse, au milieu des plus profondes eaux. Sur son épaule est un fusil, qu'il peut porter en bandoulière, la crosse en haut, & la bouche en bas, fermée avec du Liége.

Ce Chasseur est coiffé de l'image d'un cigne, ou de tout autre oiseau, familier à la sauvagine; de peur qu'elle ne s'effarouchât, quand il viendroit pour s'en approcher. Page 165 & 166.

Au moyen d'une ficelle, il remorque ou traîne après lui une très-petite nacelle *x*, dans laquelle ſont ſes munitions, & où il peut appuyer la croſſe de ſon fuſil, pour le charger ou le recharger. Page 165 & 166.

TABLE DES MATIERES.

A.

B.

C.

E.

F.

G.

H.

I.

J.

K.

L.

M.

N.

K.

L.

M.

N.

P.

Q.

R.

S.

T.

U.

V.

W.

Y.

Z.

FIN.

APPROBATION.

J'AI lu, par ordre de Monſeigneur le Garde des Sceaux, un manuſcrit intitulé *Traité de la conſtruction théorique & pratique du Scaphandre, ou du Bateau de l'Homme*, par M. DE LA CHAPELLE; & il m'a paru que l'impreſſion en ſeroit utile au Public. A Paris, le 14 Septembre 1774.

MONTUCLA.

PRIVILEGE DU ROI.

LOUIS, par la grace de Dieu, Roi de France & de Navarre: A nos amés & féaux Conſeillers, les Gens tenans nos Cours de Parlement, Maîtres des Requêtes ordinaires de notre Hôtel, Conſeils Supérieurs, Prévôt de Paris, Baillifs, Sénéchaux, leurs Lieutenans Civils, & autres nos Juſticiers qu'il appartiendra, SALUT.

Notre amé le ſieur Abbé DE LA CHAPELLE, Nous a fait expoſer qu'il deſireroit faire imprimer & donner au Public *un Traité ſur la conſtruction théorique & pratique du Scaphandre, ou du Bateau de l'Homme*, s'il Nous plaiſoit lui accorder nos Lettres de Permiſſion pour ce néceſſaires. A CES CAUSES, voulant favorablement traiter l'Expoſant, Nous lui avons permis & permettons par ces Préſentes, de faire imprimer ledit Ouvrage autant de fois que bon lui ſemblera, & de le faire vendre & débiter par-tout notre Royaume, pendant le tems de trois années conſécutives, à compter du jour de la date des Préſentes. Faiſons défenſes à tous Imprimeurs, Libraires, & autres perſonnes, de quelque qualité & condition qu'elles ſoient, d'en introduire d'impreſſion étrangère dans aucun lieu de notre obéiſſance ; à la charge que ces Préſentes ſeront enregiſtrées tout au long ſur le regiſtre de la Communauté des Imprimeurs & Libraires de Paris, dans trois mois de la date d'icelles ; que l'impreſſion dudit Ouvrage ſera faite dans notre Royaume, & non ailleurs, en beau papier & beaux caractères; que l'Impétrant se conformera en tout aux Réglemens de la Librairie, & notamment à celui du 10 Avril 1725, à peine de déchéance de la présente permission; qu'avant de l'exposer en vente, le manuscrit qui aura servi de copie à l'impression dudit Ouvrage, sera remis dans le même état où l'approbation y aura été donnée, ès mains de notre très-cher & féal Chevalier, Garde des Sceaux de France, le sieur HUE DE MIROMÉNIL, qu'il en sera ensuite remis deux Exemplaires dans notre Bibliothèque publique, un dans celle de notre Château du Louvre, un dans celle de notre très-cher & féal Chevalier, Chancelier de France, le sieur DE MAUPEOU, & un dans celle dudit sieur HUE DE MIROMÉNIL; le tout à peine de nullité des Présentes : du contenu desquelles vous mandons & enjoignons de faire jouir ledit Exposant & ses ayans cause, pleinement & paisiblement, sans souffrir qu'il leur soit fait aucun trouble ou empêchement. Voulons qu'à la copie des Présentes, qui sera imprimée tout au long au commencement ou à la fin dudit Ouvrage, foi soit ajoutée comme à l'original. COMMANDONS au premier notre Huissier ou Sergent sur ce requis, de faire, pour l'exécution d'icelles, tous actes requis & nécessaires, sans demander autre permission, & nonobstant clameur de haro, charte normande & lettres à ce contraires : CAR tel est notre plaisir. DONNÉ à Paris le seizième jour du mois de Novembre, l'an mil sept cent soixante-quatorze, & de notre règne le premier.

Par le Roi en son Conseil.

Signé, LE BEGUE.

J'ai cédé à M. DEBURE, Libraire à Paris, la moitié de la présente Permission, aux charges, clauses & conditions, énoncées dans notre traité; fait double entre nous, à ce sujet, en date du 19 Septembre 1774. A Paris, ce 18 Novembre 1774.

L'Abbé DE LA CHAPELLE.

Regiſtré la préſente Permiſſion, & enſemble la ceſſion, ſur le Regiſtre XIX de la Chambre Royale & Syndicale des Libraires & Imprimeurs de Paris, N°. 3090, folio 325, conformément au Réglement de 1723. A Paris, ce 19 Novembre 1774.

HUMBLOT, Adjoint.

De l'Imprimerie de P. G. SIMON, Imprimeur du Parlement. 1774.

On trouve chez le même Libraire *la Théorie des Sentimens agréables, où après avoir indiqué les règles que la nature suit dans la distribution du plaisir, on établit les principes de la Théologie naturelle, & ceux de la Philosophie morale. Par M. de Pouilly. Cinquième édition, augmentée de l'Éloge historique de l'Auteur, de deux Discours qu'il a prononcés à Reims, & de l'explication qu'il a donnée d'un Monument antique découvert dans la même Ville. Paris 1774. Vol.* in-8°. *avec figures. Prix, 3 liv. 12 sols relié.*

PL. II.

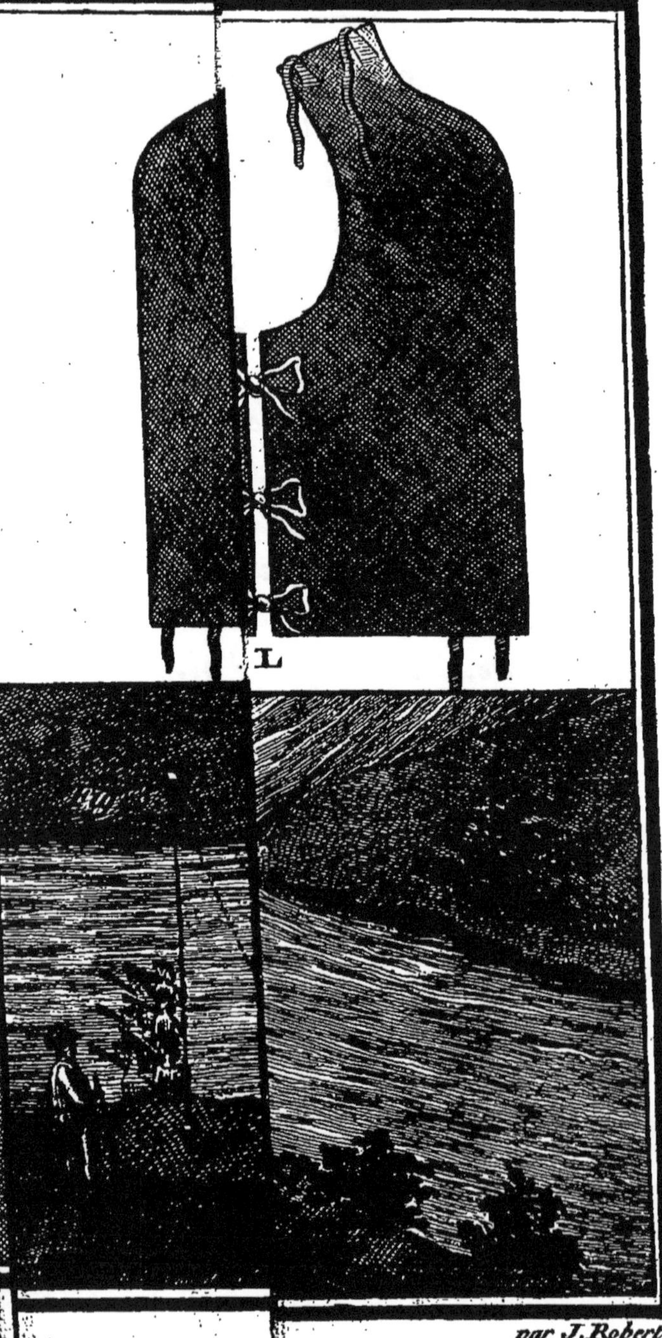

par J. Robert.

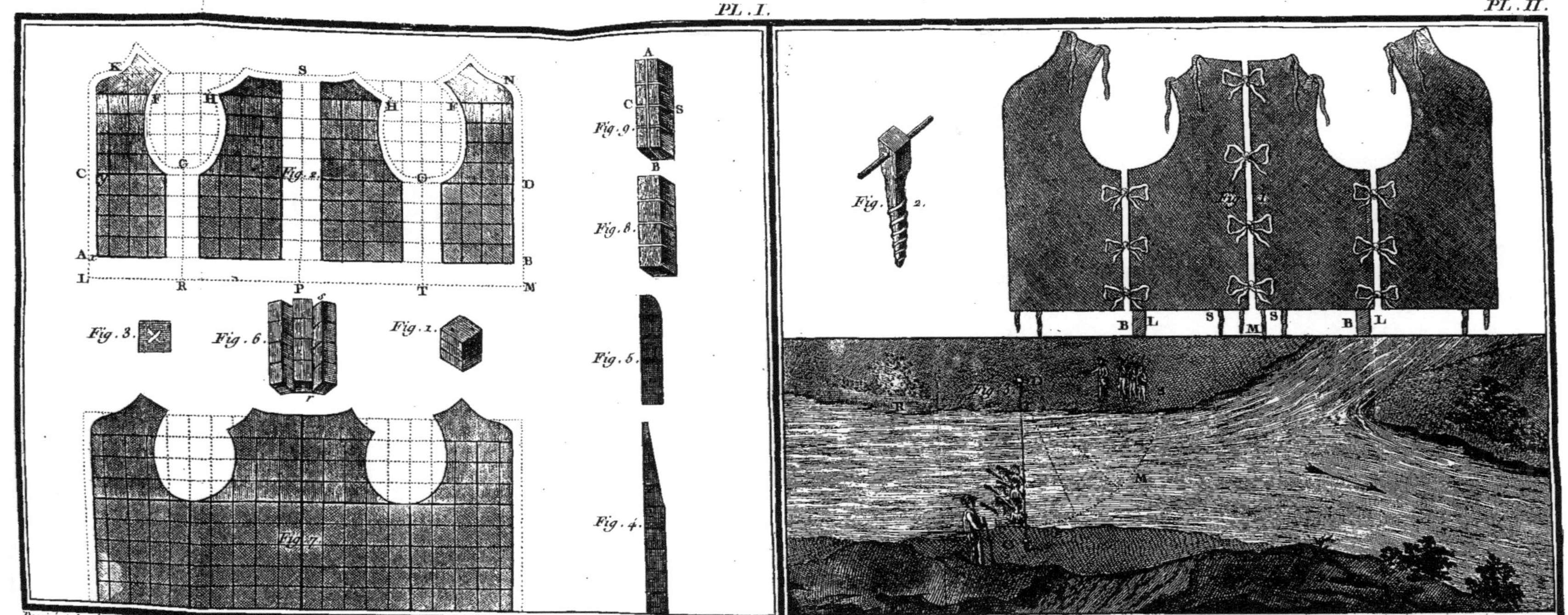

PL. I.
PL. II.
Fig. 1.
Fig. 2.
Fig. 3.
Fig. 4.
Fig. 5.
Fig. 6.
Fig. 7.
Fig. 8.
Fig. 9.
Fig. 2.
Dessiné et Gravé
par J. Robert

Fig. 2
Fig. 3.
Fig. 4.
Fig. 5.
Fig. 1
Fig. 1.
Fig. 2.
Fig. 3.
Dessiné et Gravé

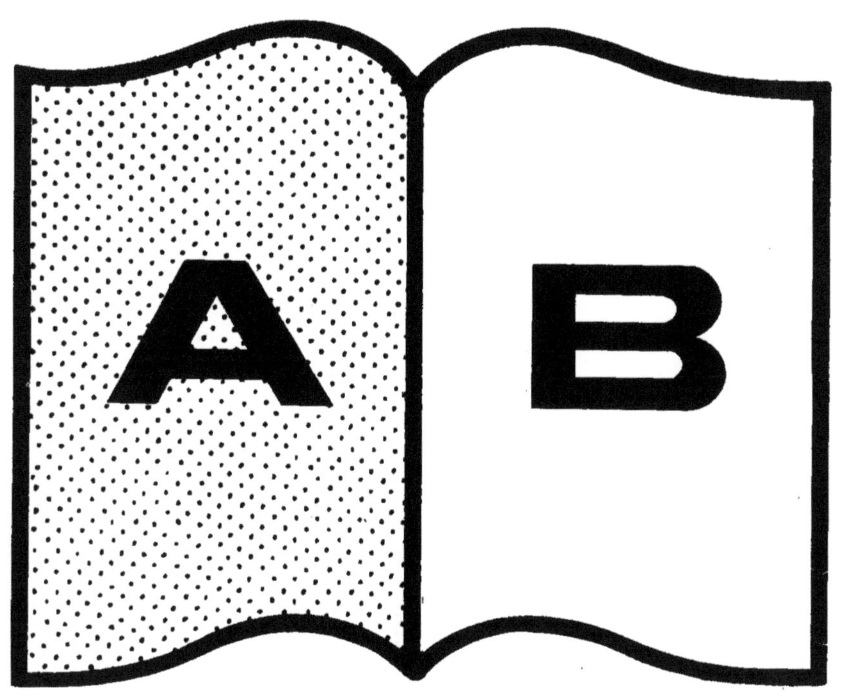

Contraste insuffisant

NF Z 43-120-14

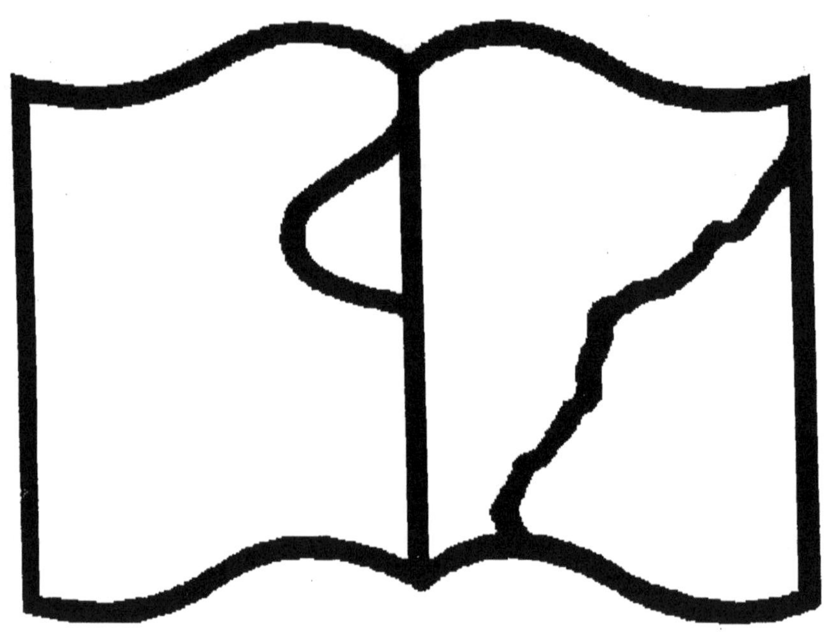

Texte détérioré - reliure défectueuse

NF Z 43-120-11

www.ingramcontent.com/pod-product-compliance
Ingram Content Group UK Ltd.
Pitfield, Milton Keynes, MK11 3LW, UK
UKHW021842190726
13855UKWH00001B/105

9 782013 354295